Felix Lager · Stefan Klompmaker · Björn Bourdon · Mirco Imlau

1.000 Laser-Hacks für MAKER

HOLOGRAMME

zum Selbermachen

aufbauen · verstehen · forschen

bombini
verlag

Wichtiger Hinweis für den Benutzer

Die in diesem Buch vorgestellten Bauanleitungen wurden mit Open-Source-Software LDraw erstellt. Weitere Informationen unter ldraw.org.

Kommentare und Fragen können Sie gerne an uns richten:
Bombini Verlags GmbH
Kaiserstraße 235
53113 Bonn
E-Mail: service@bombini-verlag.de

Bibliografische Information Der Deutschen Nationalbibliothek

Die Deutsche Nationalbibliothek verzeichnet diese Publikation in der Deutschen Nationalbibliografie; detaillierte bibliografische Daten sind im Internet über http://dnb.d-nb.de abrufbar.

Umschlaggestaltung & Satz: Anita Tiedtke und Anke Schmitter, Kommunikation & Marketing, Universität Osnabrück

Belichtung, Druck und buchbinderische Verarbeitung: mediaprint, Paderborn (www.mediaprint.de)

ISBN 978-3-946496-13-7

Dieses Buch ist auf 100% chlorfrei gebleichtem Papier gedruckt.

Inhalt

Gebrauchsanweisung statt Vorwort

Willkommen zu unserer Buchreihe »1.000 Laser-Hacks für MAKER«, in der wir dir an ausgesuchten, spannenden Experimenten zeigen, wie sich aktuelle Themen aus Photonik-Industrie und Photonik-Forschung in die MAKER-Welt übersetzen lassen. Das »Selbermachen« steht in allen Büchern im Mittelpunkt: Es handelt sich um detaillierte und umfassend bebilderte Aufbauanleitungen, mit denen du die gezeigten Experimente zu Hause nachbauen kannst.

Die wichtigsten Werkzeuge der Bücher sind Bauanleitungen anlehnend an dir bekannte LEGO®-Anleitungen, unsere (liebevoll genannten) »Laser-Hacks«, die »Info-Boxen« und unsere Webseite »http://www.1000laserhacks.de«. Ziel ist, dass du am Ende ein komplexes laseroptisches Experiment in den Händen hältst. Du wirst verstehen, wie du deine eigenen Laser-Experimente und Ideen umsetzen kannst. Vielleicht gelingt es dir sogar unsere Aufbauvorschläge noch besser zu machen?

Laser-Hacks

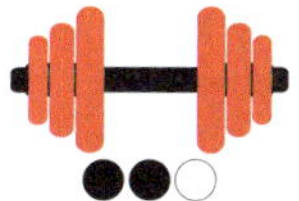

Jedes Buch ist aufgeteilt in Laser-Hacks, welche gleichzeitig das Inhaltsverzeichnis darstellen. Laser-Hacks zeigen dir in kleinen und großen Schritten, wie es uns auf meist ungewöhnliche Weise gelungen ist, die komplexen Laserexperimente mit MAKER-Werkzeugen zu realisieren. Ein Laser-Hack kann dabei etwas Einfaches sein, wie z.B. das Zusammenstecken weniger LEGO®-Bausteine. Oder etwas Schwierigeres, wie z.B. die Justage eines empfindlichen laseroptischen Experiments. Ein Laser-Hack enthält eine Bau- und/oder Justageanleitung für eine einzelne Komponente oder für ein ganzes Experiment. Die Abfolge der Laser-Hacks ist eindeutig: Zuerst werden Komponenten aufgebaut und anschließend ein Experiment durchgeführt. Für jeden Laser-Hack haben wir einen Schwierigkeitsgrad, kenntlich durch das nebenstehende Hantel-Symbol, sowie eine Dauer (Symbol der Stoppuhr) abgeschätzt und in ein einfaches Punktesystem übertragen. Die Punkte 1-3 entsprechen dabei: leicht-mittel-schwer bzw. kurz-mittel-lang. Wenn du Komponenten aus dem Band »INTERFEROMETER zum Selberbauen« verwenden kannst, wird dies durch den nebenstehenden gelben Punkt gekennzeichnet. Beachte aber die Info-Boxen zu Beginn des jeweiligen Laser-Hacks.

Info-Boxen

In jedem Laser-Hack machen wir dich mit Info-Boxen auf physikalisch besondere Aspekte, die in direktem Zusammenhang mit dem Bauschritt stehen, aufmerksam. Es gibt kleine Info-Boxen an den Rändern, welche sich auf Basiswissen bzw. Begrifflichkeiten beziehen, und große Info-Boxen im Fließtext, welche eine Mischung aus Basiswissen und fortgeschrittenem Wissen thematisieren. Für die weiterführende Lektüre haben wir innerhalb der Info-Boxen Hinweise auf Fachbücher/-webseiten eingefügt. Entscheide einfach selbst, welche Info-Boxen du lesen möchtest. Wissen, welches für das Verständnis der Experimente benötigt wird, sind mit einem Doktorhut gekennzeichnet.

Letztlich findest du auch gelb hinterlegte Boxen, die Warnhinweise für den Laser-Hack beinhalten und du daher unbedingt lesen solltest. Alle Info-Boxen sind so platziert, dass Information dann geliefert wird, wenn du sie benötigst.

Webseite

www.1000laserhacks.de
Ein Blick lohnt sich!

Ergänzend zu dieser Buchreihe haben wir eine Webseite eingerichtet (siehe QR-Code). Diese Webseite soll dir bei der Bestellung der Bauteile für die Laser-Hacks, beim Aufbau, bei der Justage und bei der Suche nach weiterführendem Fachwissen helfen. So findest du hier bspw. die in diesem Buch aufgeführten Bauteilelisten, weitere Baupläne und Experimentiervideos oder Links zu Internet-Shops, bei denen wir die hier dargestellten Komponenten erworben haben.

Vorwort des Erstautors

Als Erstautor des Buchs »Hologramme zum Selbermachen« möchte ich mich bei dir kurz vorstellen: Ich bin wissenschaftlicher Mitarbeiter an der Universität Osnabrück im Fachbereich Physik und habe Physik und Mathematik auf Lehramt studiert. Meine Bachelor- und Masterarbeit entstanden in der Forschungsgruppe »Ultrakurzzeitphysik« von Prof. Dr. Mirco Imlau im Bereich der Nachwuchsförderung im Spannungsfeld zwischen Photonikforschung und MAKER-Bewegung. Die Lehrmedien meiner Wahl waren schon immer Baukastensysteme, wie z.B. das LEGO®-System oder klassische MAKER-Werkzeuge, wie bspw. die 3D-Drucktechnik. Dieses Buch stellt somit eine Zusammenfassung meiner wichtigsten Errungenschaften der letzten drei Jahre dar, in denen ich mich besonders für die Holografie interessiert habe.

Osnabrück, im Sommer 2019 *Felix Lager*

Einleitung

Hologramme faszinieren täglich immer mehr Menschen auf der ganzen Welt, doch nur die wenigsten können erklären, wie sie funktionieren oder wie sie aufgezeichnet werden. Das Besondere an ihnen ist, dass dreidimensionale Objekte mit einem zweidimensionalen Film rekonstruiert werden können. Neben diesen sogenannten Bildhologrammen existiert eine breite Palette von Anwendungen in Wissenschaft und Technik. Hierzu zählen zum Beispiel Hologramme als Sicherheitsmerkmal auf Geldscheinen und Eintrittskarten, holografische Datenspeicher, Wellenlängenfilter in der optischen Datenfernübertragung oder holografische Head-Up-Displays. Da an die Aufzeichnung von Hologrammen spezielle Voraussetzungen (hohe Stabilität, kohärente Strahlung, Dunkelheit,…) geknüpft sind, klingt es nachvollziehbar, dass holografische Experimente nur mit sehr teuren optischen und optomechanischen Komponenten und Laserquellen aufgebaut bzw. durchgeführt werden können. Ein Nachbau zu Hause scheint daher vollkommen ausgeschlossen. Wirklich? Oder kann es nicht doch gelingen, Hologramme mit geringem Kosten- und Arbeitsaufwand aufzuzeichnen?

Ich habe mich dieser Frage in den letzten Jahren sehr intensiv gewidmet und den Ansatz gewählt, Hologramme mit Hilfe von Werkzeugen der Maker-Bewegung aufzuzeichnen. Das Ergebnis dieser Idee liegt in Form einer umfassend bebilderten Anleitung vor dir! Wenn du also schon immer deine eigenen Hologramme aufzeichnen wolltest oder zumindest wissen wolltest, was ein Hologramm ist und wie derartige dreidimensionale Rekonstruktionen entstehen, ist dieses Buch genau das Richtige für dich! Egal, ob du SchülerIn, LehrerIn, ForscherIn oder einfach ein interessierter MAKER bist: Ich zeige dir auf den kommenden Seiten, wie du Hologramme mit einem Laserpointer, einfachen Optiken und LEGO®-Bausteinen aufzeichnen und sogar spannende Experimente damit durchführen kannst. Dabei lernst du spielerisch die wichtigsten physikalischen Aspekte und die Funktionsweise kennen. Es gibt noch ein paar weitere Vorteile, wie bspw.:

- Geringer Kostenaufwand (weniger als 250€)
- Hohe Erfolgswahrscheinlichkeit
- Schnelles und unkompliziertes Auf- und Umbauen
- Selbstentwickelnde Filme (keine Nasschemie)
- Viel Begleitmaterial unter www.1000laserhacks.de

Ein Hologramm ist ein in einem Film gespeichertes Interferenzmuster. Du fragst dich, wie das funktioniert? Ich erkläre es dir in den folgenden Laser-Hacks.

Auf unserer Webseite www.1000laserhacks.de findest du vollständige Bauteilelisten und mögliche Bezugsquellen.

Was musst du tun? Ich empfehle dir zunächst die Aufnahme eines Hologramms entlang der Laser-Hacks 1-8. Hiermit lernst du viele Basisinformationen zu den Komponenten, deren Funktion und zur Holografie im Allgemeinen. Darauf aufbauend geben die Erweiterungen zum Aufzeichnen holografischer Gitter (Laser-Hacks 9-17) einen tieferen Einblick in die Entstehung und Funktionsweise von Hologrammen. Abschließend geben dir 16 weitere Next-Level-Laser-Hacks am Ende des Buchs einen Überblick über weitere interessante Aufnahmetechniken, die du mit diesen Aufbauten testen kannst!

Hilfreich ist es, wenn du alle Bauteile, die zu den Experimenten gehören, als Erstes bestellst. Vielleicht hast du das ein oder andere auch bereits zu Hause rumliegen?

Sobald du alles zusammengetragen hast, kann es auch direkt losgehen. Mehr als einen leeren Tisch, dieses Buch und ein Smartphone, Tablet oder Laptop wirst du nicht mehr benötigen. Wenn du das erste Mal mit einem holografischen Experiment arbeitest, solltest du dir einen ruhigen Arbeitsplatz aussuchen – dein Aufbau reagiert sehr empfindlich auf Umgebungsgeräusche und Luftzüge. Wenn du mal nicht weiterkommst, kannst du unsere Webseite zur Hilfe nehmen. Dort findest du die Rubrik 'frequently asked questions' (FAQ) und Begleitvideos – meist bist du nicht der Erste mit deiner Frage. Fehlt dir ein Bauteil? Findest du eine bessere Lösung für den Aufbau? Trau dich ruhig und probiere eigene Wege aus! Wenn du etwas Besonderes herausgefunden hast, freue ich mich natürlich sehr auf deinen Eintrag in unserem Gästebuch.

Ich wünsche dir nun viel Spaß beim Aufbauen, Verstehen und Forschen!

Hologramme aufzeichnen

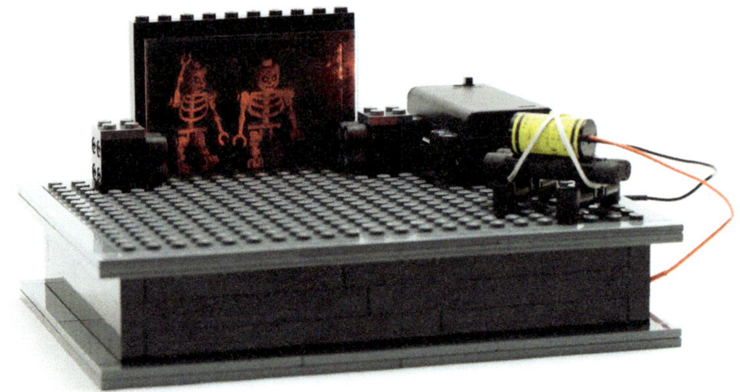

Abbildung 1:
Foto des fertigen Holografieaufbaus mit Laserdiode, holografischem Film bzw. Hologramm und LEGO®-Bausteinen

Die Holografie wurde im Jahr 1947 vom ungarischen Ingenieur Dennis Gábor vorgestellt und beschreibt ein Verfahren zur Aufnahme und Rekonstruktion eines Objekts in drei Dimensionen. Die ursprüngliche Zielsetzung Gábor's war es, das Auflösungsvermögen von Elektronenmikroskopen zu verbessern. Seine ersten Versuche führte er eindrucksvoll mit einer Quecksilberdampflampe als Lichtquelle durch; hierbei arbeitete er lediglich mit Lochblenden und Farbfiltern zur Erzeugung von kohärentem Licht, das für sein Verfahren von zentraler Bedeutung ist. Mit der Erfindung des Lasers in den 60er Jahren erlebte die Holografie ihren weltweiten Durchbruch. Denn mit einem Laser wird problemlos intensive, kohärente Strahlung erzeugt. Seit wenigen Jahren ist es technisch auch möglich geworden, das Verfahren in der Elektronenmikroskopie anzuwenden und damit die ursprüngliche Idee Gábor's zu realisieren und für neuartige Einblicke in der Forschung zu nutzen.

Lichtwellen bezeichnet man als kohärent, wenn eine Phasenbeziehung zwischen ihnen besteht.

Mehr Infos unter: Halliday (2018)

Hologramme sind dünne Filme, in denen Objekte mit dem Verfahren der Holografie aufgezeichnet wurden, die vollständig in drei Dimensionen rekonstruiert werden können.

Die Holografie eignet sich besonders gut für die bildliche Speicherung eines Objekts in einem Film. Im Gegensatz zur Fotografie gelingt mit dem Hologramm die Wiedergabe des Objekts in allen drei Dimensionen, d.h., dass durch Ändern des Betrachtungswinkels weitere Perspektiven auf das Objekt sichtbar werden. Hierdurch lässt sich beispielsweise auch hinter ein Objekt schauen – eine Möglichkeit, die in der Fotografie nicht gegeben ist. Diese Eigenschaft wird durch das Wort Holografie bestens ausgedrückt, das aus den altgriechischen Wortteilen »holos«, deutsch: ganz, und »graphein«, deutsch: schreiben, zusammengesetzt ist.

Um ein Hologramm aufzeichnen zu können, müssen sich mindestens zwei kohärente Lichtwellen (=Laserstrahlen) in einem holografischen Film überlagern. Die eine Welle fällt direkt vom Laser auf den Film und wird als Referenzwelle bezeichnet. Die zweite Welle beleuchtet das Objekt und wird von dort in Richtung des Films reflektiert. Man spricht daher von der Objektwelle. Bei der Überlagerung beider Wellen entsteht ein Interferenzmuster, das vom holografischen Film gespeichert wird. Dieser Vorgang wird als »Aufzeichnen eines Hologramms« bezeichnet. Jetzt kann das gespeicherte Objekt vollständig wiedergegeben werden. Für diese Rekonstruktion wird das Hologramm lediglich mit der Referenzwelle beleuchtet. Hierdurch wird die Objektwelle durch Beugung rekonstruiert. Die Rekonstruktion beschreibt also den Fall, dass die während der Aufnahme vom Objekt reflektierten Lichtwellen durch Lichtbeugung wiederhergestellt werden. Das Objekt ist vollständig und dreidimensional sichtbar und kann vom Original nicht unterschieden werden.

Mehr zum Thema Interferenz gibt es ab Seite 100!

Mehr zum holografischen Film ab Seite 44.

Abbildung 2:
Foto des fertigen Hologramms. Die rekonstruierten Minifiguren sind sehr gut erkennbar.

Die wichtigsten Elemente zur Erzeugung eines Hologramms sind folglich der Laser, ein geeignetes Objekt und ein spezieller holografischer Film. Außerdem wird ein fester Unterbau sowie eine insgesamt mechanisch stabile Gesamtkonstruktion benötigt. Im ersten Laser-Hack dieses Buchs zeige ich dir den Aufbau des Unterbaus, des sogenannten Breadboards.

Laser-Hack 1: Breadboard bauen

Achte bei der Verwendung des Interferometer-Breadboards in Laser-Hack 6 darauf, dass die Abstände der Komponenten zueinander gleich sind.

Abbildung 3:
Foto des optischen Breadboards aus LEGO®-Bausteinen

Für diesen Laser-Hack benötigst du die LEGO®-Bausteine, die in der folgenden Tabelle aufgelistet sind. Aufgeführt sind die Artikelnummern der Firma LEGO® System A/S, Dänemark. Wenn du schon das größere Breadboard aus dem Buch »Interferometer zum Selberbauen« aufgebaut hast, kannst du es alternativ auch verwenden. Eine weitere Möglichkeit für den Aufbau eines Unterbaus findest du in Laser-Hack 33. Für die Holografieaufbauten wird allerdings weit weniger Aufbaufläche benötigt, so dass wir hier ein neues, kleineres Breadboard vorstellen, das auch deutlich kostengünstiger ist. Wichtig ist bei allen Varianten lediglich, dass die Abstände der Komponenten zueinander gleich sind.

Anzahl	Bausteinname	Art.-Nr.	Farbe
7	Brick 1 x 3	3622	Black
6	Brick 1 x 6	3009	Black
11	Brick 1 x 8	3008	Black
23	Brick 1 x 10	6111	Black
6	Brick 1 x 12	6112	Black
4	Plate 2 x 10	3832	Dark Bluish Gray
8	Plate 2 x 12	2445	Dark Bluish Gray
4	Plate 6 x 6	3958	Dark Bluish Gray
16	Plate 6 x 12	3028	Dark Bluish Gray
20	Tile 1 x 8	4162	Dark Bluish Gray

LEGO® Einzelteile können einfach unter www.bricklink.com bestellt werden.

Bricklink ist eine Suchmaschine für LEGO®-Bausteine. Damit findest du viele Shops mit unterschiedlichen Angeboten an Einzelteilen.

Wieso nehme ich nicht eine einfache LEGO®-Grundplatte?

$$1\,\text{nm} = \frac{1}{1.000.000}\,\text{mm}$$

Um gute Hologramme zu erhalten, ist ein fester Unterbau unbedingt erforderlich. Während der kompletten Belichtungszeit muss das zu speichernde Interferenzmuster stabil sein. Dabei hat bereits eine Verschiebung im Nanometerbereich Auswirkung auf das Muster. Im professionellen Bereich werden hierzu häufig große, schwere Steinplatten aus Granit oder spezielle Grundplatten aus Stahl verwendet. Diese Grundplatten besitzen eine Ober- und Unterplatte und sind durch eine innere Konstruktion in Form einer Bienenwabenstruktur charakterisiert. Diese Platten werden »optische Breadboards« genannt und sind durch ihre spezielle Konstruktion deutlich leichter als Granitplatten und dennoch mechanisch äußerst stabil.

Zusammenfassend ist ein optisches Breadboard nicht einfach nur eine Grundplatte zum Aufbau von optischen Experimenten. Es ist durch die besondere Bauweise sehr stabil, verhält sich annähernd wie ein starrer Körper und zeigt herausragende Dämpfungseigenschaften gegenüber Schwingungen bei möglichst geringem Materialeinsatz.

Die folgende Aufbauanleitung zeigt dir meine Variante, die ich vollständig aus LEGO®-Bausteinen aufgebaut habe und für die folgenden Experimente als Untergrund zum Einsatz kommt. Für das Erreichen einer möglichst hohen mechanischen Stabilität habe ich mich bei der Konstruktion an der Bauart der professionellen optischen Breadboards orientiert.

Mit der Open-Source-Software LDraw kannst du auch eigene Anleitungen zu Aufbauten mit LEGO®-Bausteinen erstellen. Probier‘ mal!

Die Anleitung habe ich mit der Open-Source-Software LDraw erstellt. Die Darstellung lehnt eng an die professionellen Anleitungen von LEGO System A/S an. Da wir meist nur graue und schwarze Steine verwenden und diese in einer Bauanleitung schwer voneinander zu unterscheiden sind, habe ich mich dazu entschieden, die vorangegangenen Bauschritte teilweise in weißer Farbe darzustellen.

1
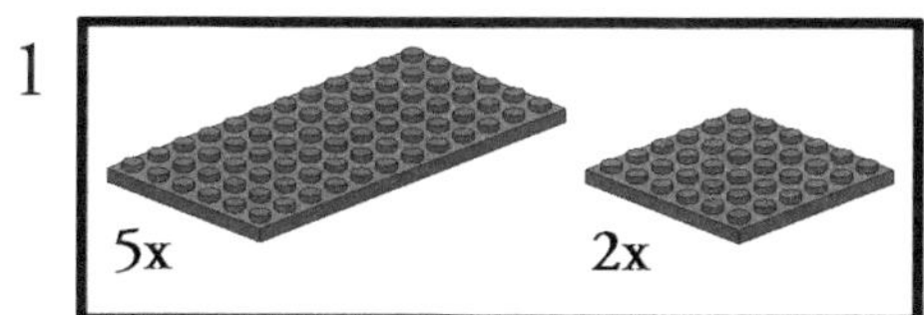

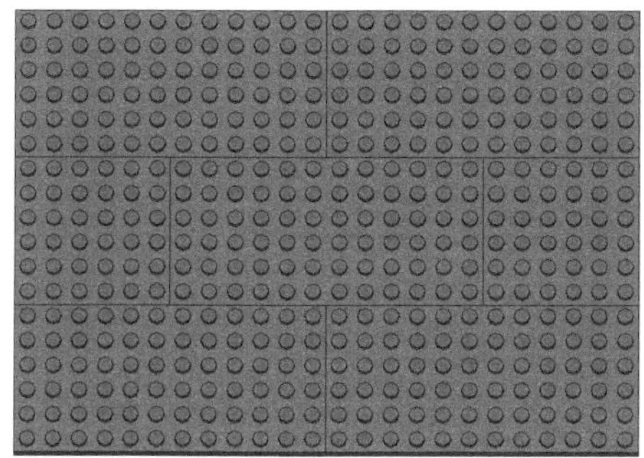

2
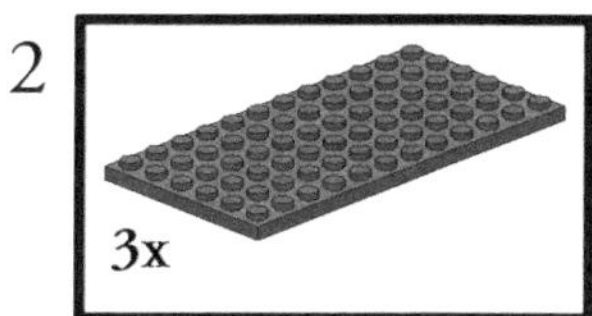

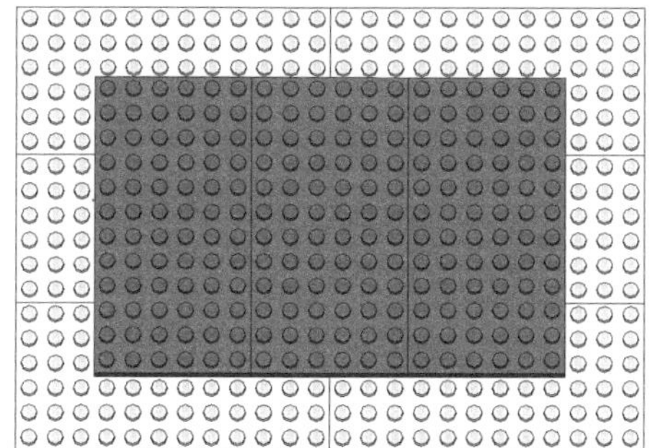

3
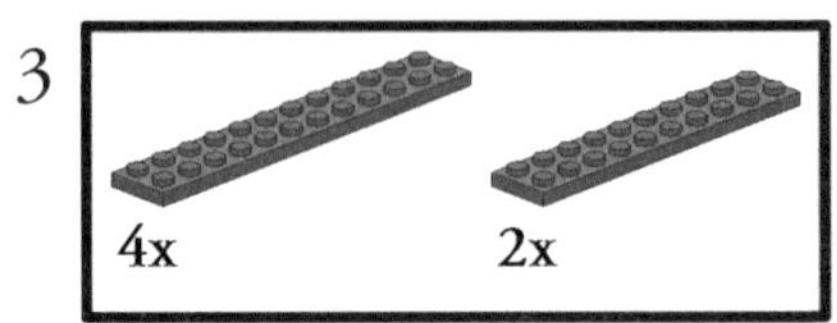

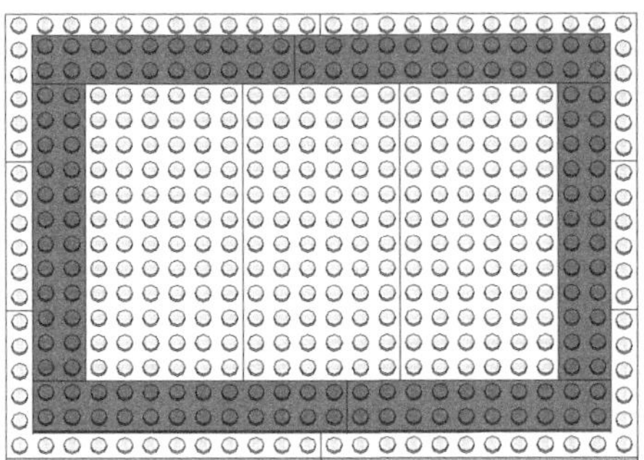

4
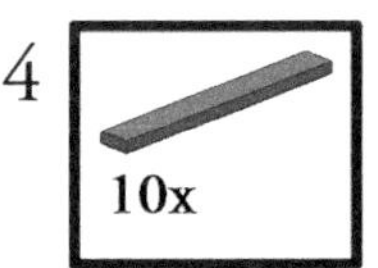

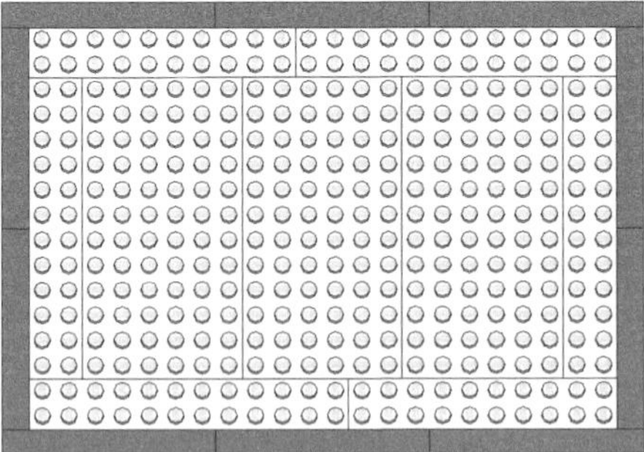

5
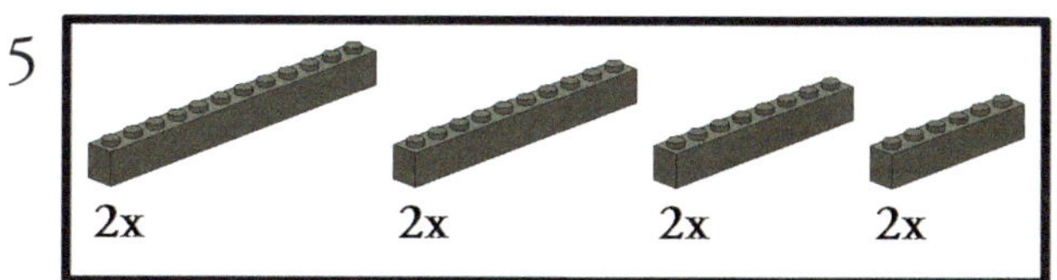

Für die Schritte 5 - 11 habe ich aus Gründen der Sichtbarkeit in der Bauanleitung die schwarzen Steine dunkel grau dargestellt.

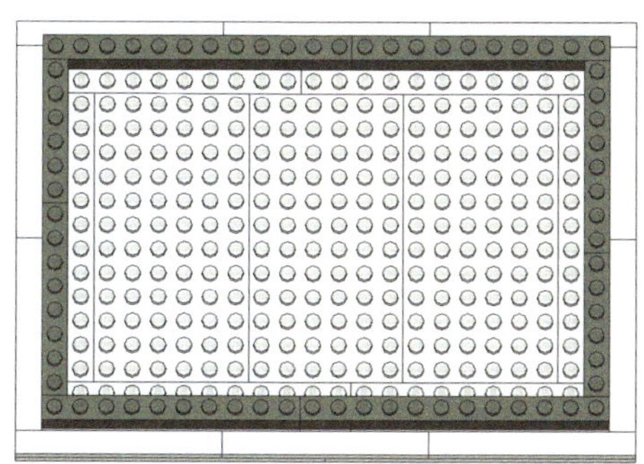

6
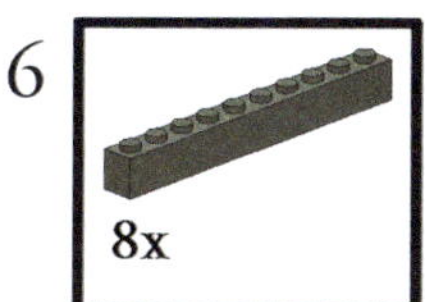

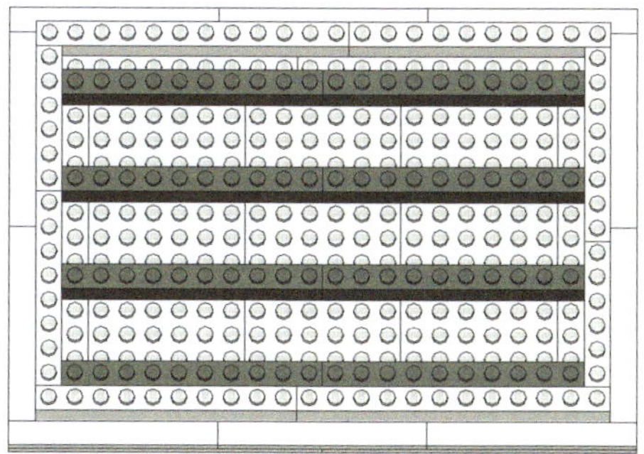

7

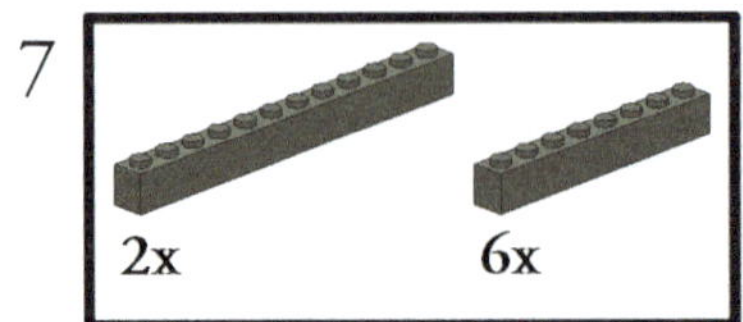

8

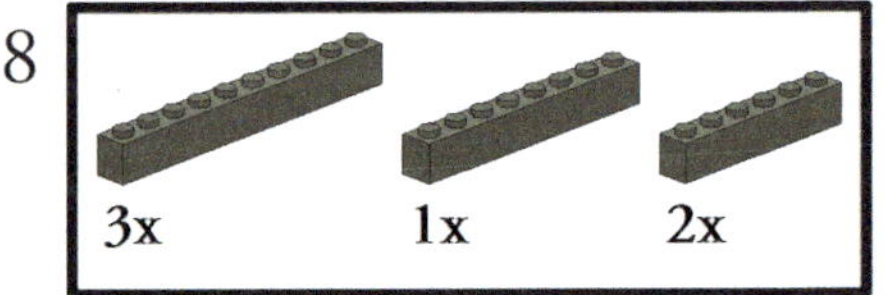

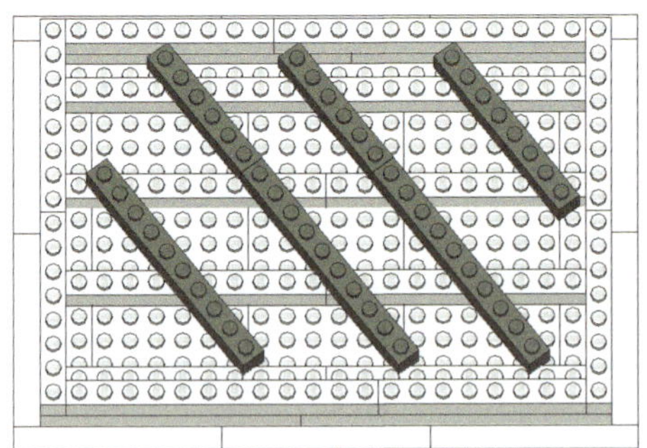

Ab diesem Schritt ist die Wabenstruktur erkennbar, die dem Breadboard die hohe Stabilität und seine Dämpfungseigenschaften verleiht.

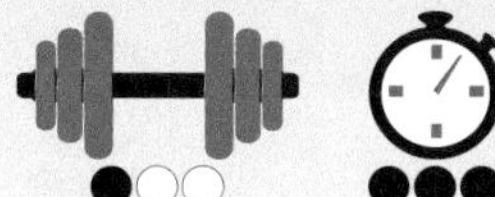

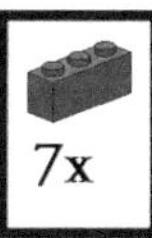

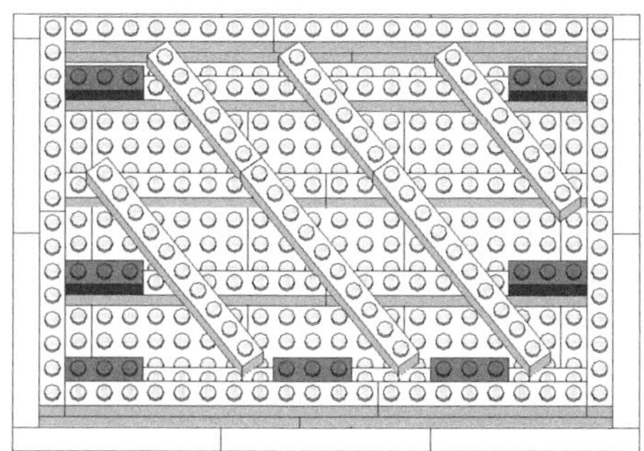

10

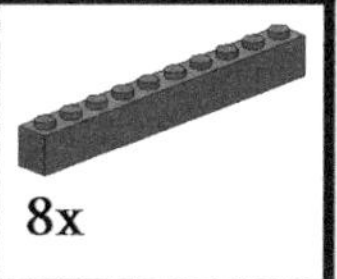

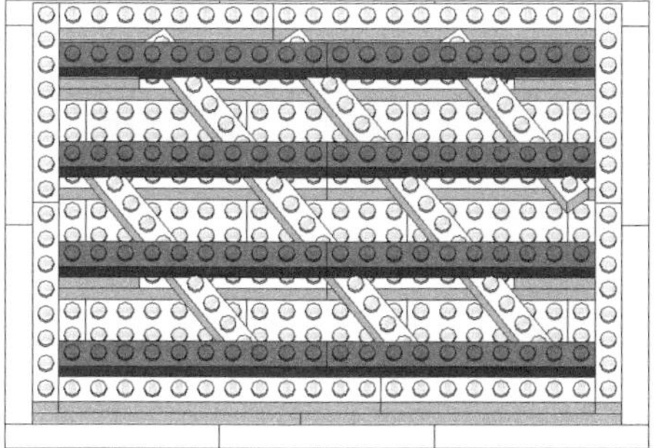

11

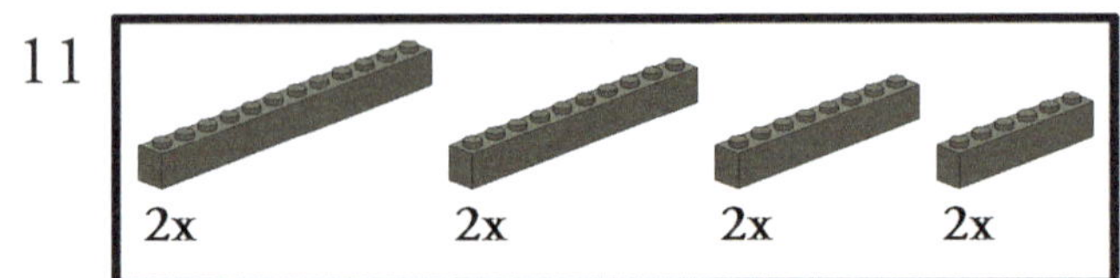

Die Bienenwabenstruktur ist nun fertig. Wenn du mehr über die Bienenwabenstruktur und seine Eigenschaften erfahren möchtest, empfehle ich einen Blick in die Referenz Newport Corporation (2018).

Abbildung 4:
Bienenwabenstruktur des Breadboards

12 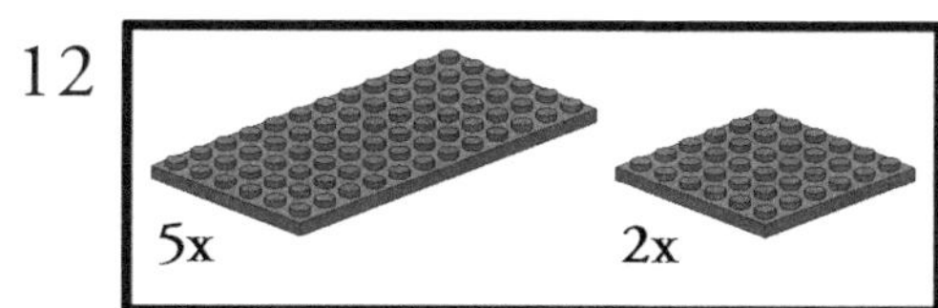

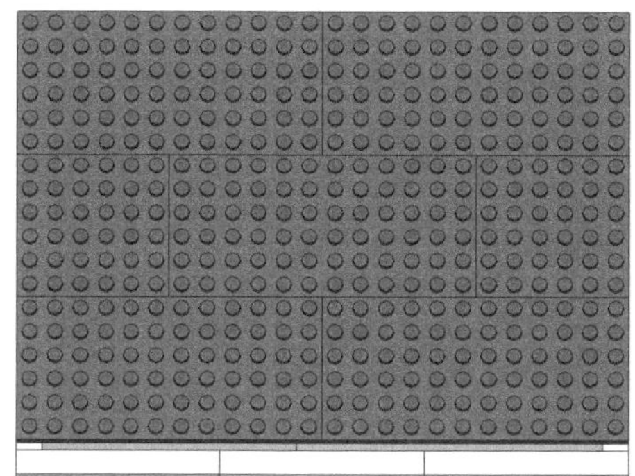

13 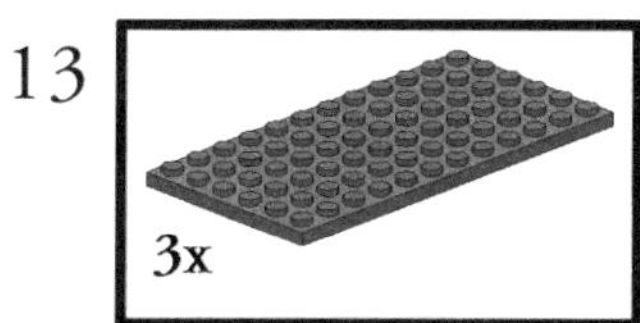

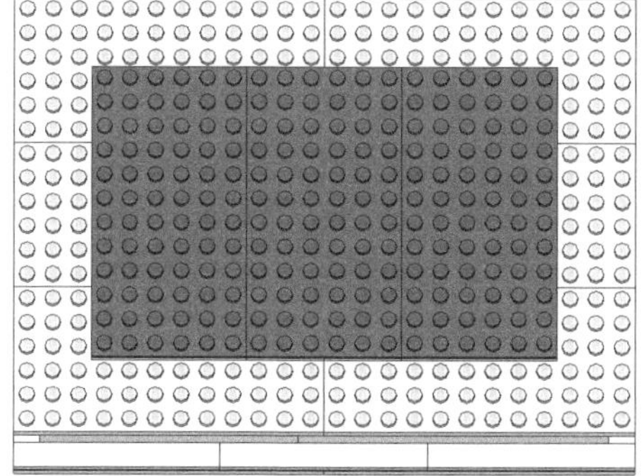

14
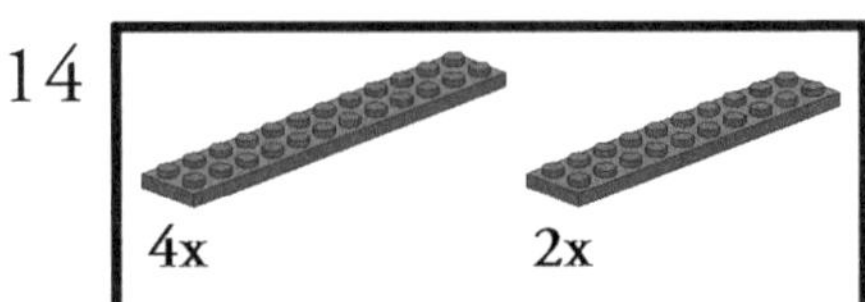

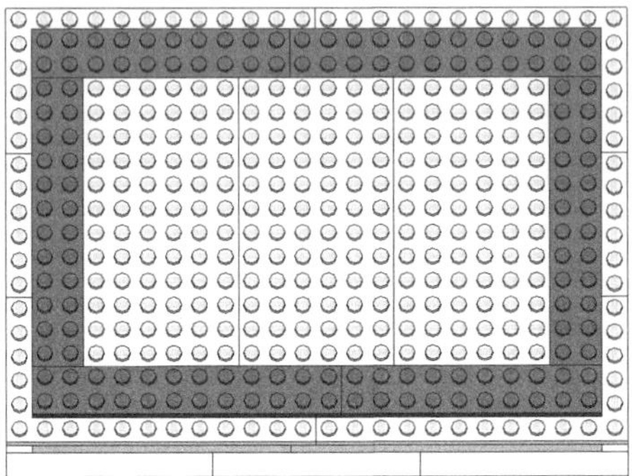

15
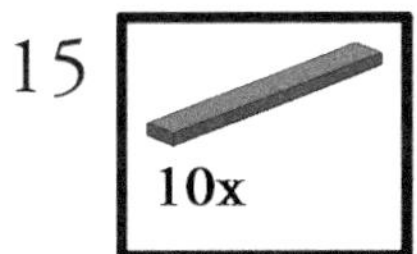

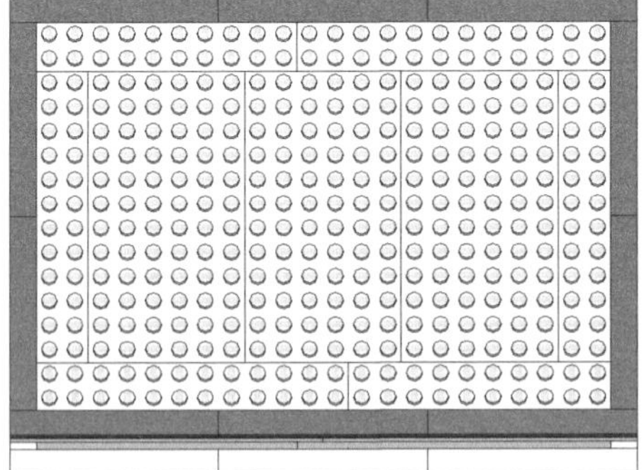

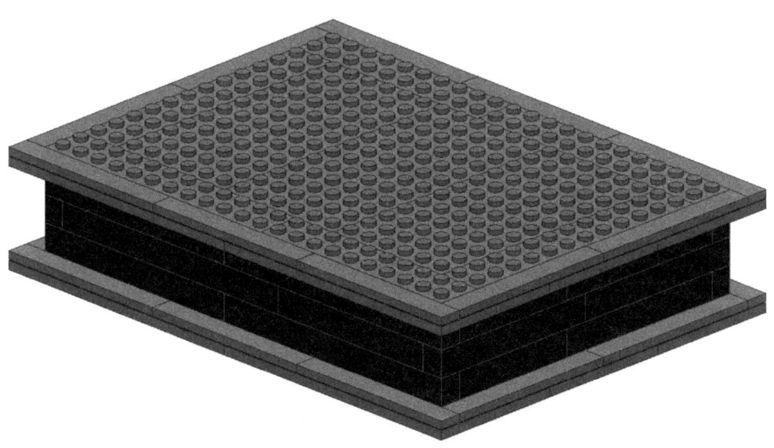

Herzlichen Glückwunsch! Deinen ersten Laser-Hack dieses Buchs hast du erfolgreich gemeistert! Dein Breadboard ist fertig! Damit du es mit der Bauanleitung vergleichen kannst, habe ich es noch einmal in den Farben der verwendeten grauen und schwarzen Steine dargestellt.

Um die Stabilität deines Breadboards zu testen, kannst du dich einfach auf die Grundplatte stellen. Beeindruckend, nicht wahr?

Der positive Nebeneffekt durch diesen Stabilitätstest ist, dass die LEGO®-Bausteine der drei Bauebenen fest zusammen gedrückt werden.

Abbildung 5:
Prüfung der Stabilität eines Breadboards aus LEGO®-Bausteinen

Das Breadboard wirst du natürlich nicht nur für die Aufnahme eines Hologramms verwenden können, sondern auch für das Aufzeichnen holografischer Gitter, welches im zweiten Teil des Buchs thematisiert wird.

Widmen wir uns gleich dem nächsten Laser-Hack: Jetzt beginne ich mit dem Aufbau der elektrischen, mechanischen und optomechanischen Komponenten für den Holografieaufbau. Dazu zählen bspw. der Laser einschließlich Halterung, der Batteriebox- und der Filmhalter.

Laser-Hack 2: Laser mit Strom versorgen

Für diesen Laser-Hack benötigst du die in der Tabelle aufgelisteten Materialien:

Anzahl	Artikelname	Art.-Nr.
1	EJ658-10-3(14x26)-AWL	70130607
1	Batteriebox 2x Mignon (AA)	1318437
2	Mignon (AA)-Batterie 1.5V	650640
1	Lötkolben	616675
1	Dritte Hand	588221
1	Lötzinn	1666025
1	Schrumpfschlauch 2mm	1567338
1	Feuerzeug	801067895

Auf unserer Webseite findest du Links zu den entsprechenden Anbietern. Elektronikkomponenten habe ich bei Conrad Electronic SE bestellt. Die Laserdiode kommt von der Picotronic GmbH.

Jedes optische Experiment beginnt bei der Lichtquelle. Für einen Holografieaufbau ist das der Laser. Ich habe für diesen Holografieaufbau ein speziell entwickeltes Lasersystem verwendet. Dieses ist mit einer Aufweitungslinse ausgestattet und erzeugt einen elliptischen Strahlquerschnitt. Durch die Linse wird der Laserstrahl bereits in geringem Abstand vom Laser deutlich aufgeweitet. Der Physiker spricht hier von der Vergrößerung der Strahldivergenz.

Die Divergenz eines Lichtstrahls ist ein Maß, das die Zunahme des Strahlradius als Funktion des Abstands beschreibt.

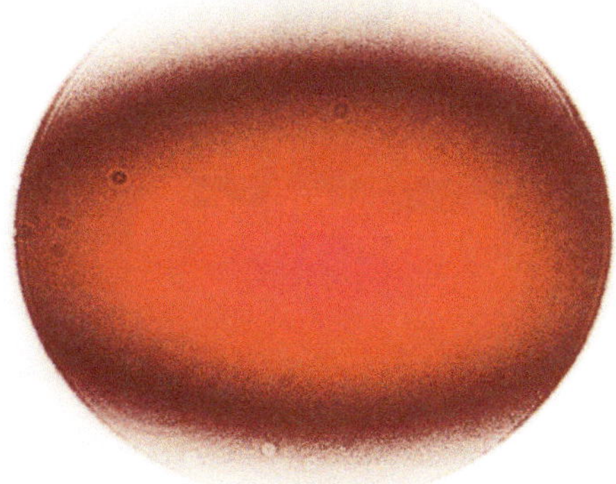

Abbildung 6:
Foto des Strahlquerschnitts meiner Laserdiode

Zweck der Aufweitung ist zunächst, dass die Intensität I (Lichtleistung pro Fläche) des Laserstrahls reduziert wird und somit das Gefährdungspotenzial des Lasers stark abnimmt. Hierbei gilt, dass die Intensität, und damit das Gefahrenpotenzial, umso kleiner ist, je weiter der Abstand zum Laser ist. Ein zweiter Aspekt ist, dass ich mit dem Laserlicht das gesamte Objekt und den Holografiefilm, also eine große Fläche ausleuchten muss. Hierbei hilft das elliptische Strahlprofil, wie du später sehen wirst.

Das Lasersystem wird ohne Netzteil geliefert. Das ist aber kein Problem. Du kannst eine Batteriebox für zwei Mignon (AA) Batterien an die Kabel des Lasers löten und die Lötstellen mit Schrumpfschlauch isolieren.

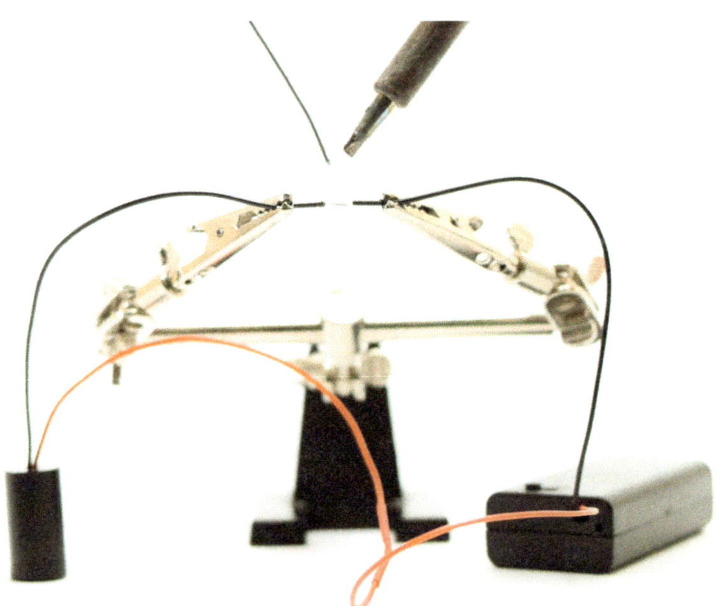

Abbildung 7: *Löten der Laserdiode an eine Batteriebox; denke daran, die Schrumpfschläuche vor dem Löten über die Kabel zu stülpen.*

Solltest du keinen Lötkolben haben, kannst du die Laserdiode und die Batteriebox ganz einfach mit einer Lüsterklemme oder ähnliche Kabelverbinder zusammenführen. Anstelle der Batteriebox kannst du auch eine Festspannungsquelle verwenden, wie zum Beispiel ein Netzteil. Wichtig ist hierbei nur, dass die passende Betriebsspannung der Laserdiode von 3V anliegt und dass du in jedem Fall auf die richtige Polung (Pluspol an das rote, Minuspol an das schwarze Kabel des Lasers) achtest. Zwei in Reihe geschaltete Mignon (AA) Batterien liefern diese Spannung.

Das Lasersystem ist so aufgebaut, dass das Laserlicht nur an einer Seite aus dem Gehäuse austritt (rundes Loch gegenüber dem Kabelanschluss). Da der Laser jetzt betriebsbereit ist, muss ich dir **vor** dem Einlegen der Batterien und dem Einschalten Folgendes sagen:

VORSICHT LASERSTRAHLUNG!

Der verwendete Laser hat eine maximale Leistung von **P = 10 mW** bei einer Wellenlänge von **λ = 658 nm** (rot). Aufgrund der starken Divergenz gehört er der **Laserklasse 2** an und gilt somit als augensicher für ein unbeabsichtigtes Hineinschauen (t < 0,25s).

Bitte nicht direkt in den Laser blicken!

Jedoch kann das Gefahrenpotenzial durch die Verwendung von Linsen stark vergrößert werden, sodass in diesem Buch keine fokussierenden Optiken verwendet werden.

Siehe auch DGUV Vorschrift 12 (2007)

Nun richte den Laser auf eine nicht oder wenig reflektierende Oberfläche und schalte ihn testweise ein. Durch Verändern der Entfernung kannst du die starke Divergenz erkennen. Laserlicht ist schon beeindruckend, oder?

Wenn du genau hinschaust, wirst du erkennen, dass der Querschnitt nicht überall gleichmäßig ausgeleuchtet ist. Es bildet sich ein Oval, welches für Diodenlaser typisch ist. Drehe den Laser so, dass die lange Achse des Ovals horizontal verläuft, wie es in Abbildung 6 zu sehen ist, und klebe das Laserwarnlabel mittig von oben auf den Laser. In dieser Orientierung wird der Laser später in der Halterung für eine gleichmäßige Ausleuchtung des Films befestigt.

Die Schwingungsrichtung (Polarisation) der Laserstrahlung steht senkrecht zur Hauptachse der Strahlellipse. Mehr zum Thema Polarisation findest du auf unserer Webseite.

Es kann sein, dass deine Laserdiode stärkere Unregelmäßigkeiten aufweist als auf dem Foto gezeigt. Dies kann an Staub oder Fingerabdrücken auf der Laseroptik liegen. Du kannst diese (und jede in diesem Buch verwendete Optik) ganz einfach mit einem Brillenputztuch reinigen.

Schalte den Laser nun wieder aus und lege ihn vorerst zur Seite.

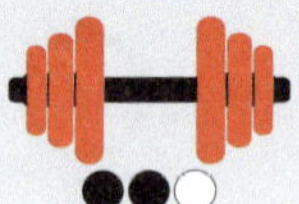

Zur Erinnerung

Licht kann man sich als eine Welle mit bestimmter Wellenlänge λ vorstellen. Die Wellenlängen für das sichtbare Licht liegen zwischen 380 nm (ultraviolett) und 750 nm (rot).

Laserlicht ist intensives, stark gebündeltes Licht einer Wellenlänge, wobei die einzelnen Wellenzüge in Phase (Wellenberg auf Wellenberg) sind.

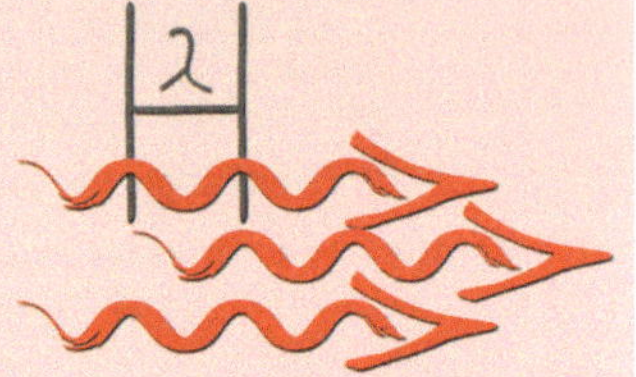

Das Licht einer Glühlampe hingegen besteht aus vielen Wellenlängen, welche nicht in Phase verlaufen. Außerdem ist es nicht gebündelt, sondern strahlt in alle Richtungen.

Laser-Hack 3: Laserhalter bauen

Abbildung 8:
Foto des Laserhalters für die Befestigung der Laserdiode aufgebaut aus LEGO®-Bausteinen

Das Lasersystem benötigt nun eine mechanische Fassung. Ich habe hierzu einen Halter entworfen, der den Laser in einem Winkel von 45° zum LEGO®-Raster ausrichtet. Dadurch ergeben sich zwei Vorteile: Zum einen kannst du das Hologramm sehr gut betrachten, ohne dass der Laser in deinem Sichtfeld stört. Zum anderen kannst du einfach zwischen Hologrammaufzeichung in Reflexions- und Transmissionsgeometrie wechseln, indem du lediglich die Position des Objekts veränderst.

Mehr zur Reflexions- und Transmissionsgeometrie zeige ich dir in den Laser-Hacks 7 und 22.

Für den Aufbau benötigst du die folgenden LEGO®-Bausteine:

Anzahl	Artikelname	Art.-Nr.	Farbe
4	Plate 1 x 1 Round	4073	Black
2	Technic Axle 3	4519	Light Gray
2	Technic Axle 6	3706	Black
4	Technic Axle and Pin Connector Angled #1	32013	Black
4	Technic Axle Joiner Double Flexible	45590	Black
2	Technic Cross Block 2 x 2 (Axle/Twin Pin)	32291	Black

Zusätzlich zu den LEGO®-Bausteinen benötigst du einen Gummiring mit einen Durchmesser von 25mm und Stärke von 2mm.

Aufbau-Laser-Hack:
Laserhalter bauen

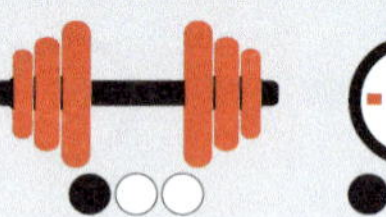

Der Laserhalter ist rasch aufgebaut. Wenn dir Steine fehlen, kannst du auch Bausteine mit anderen Farben verwenden.

1

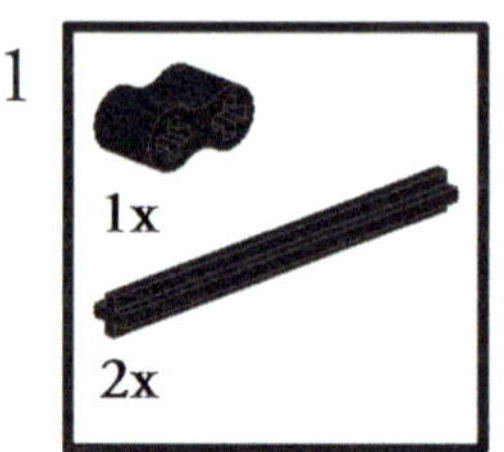

2

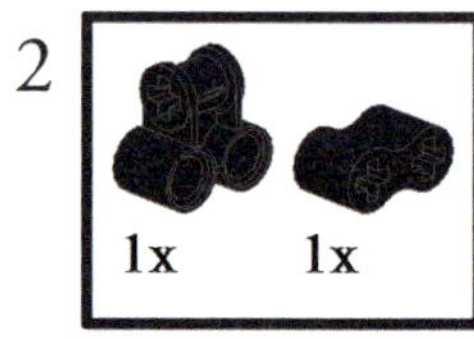

3

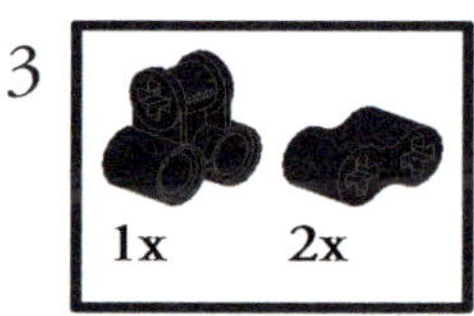

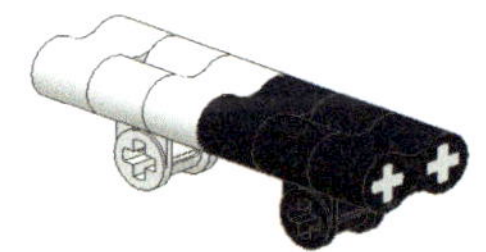

4

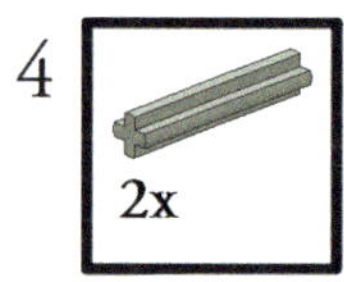

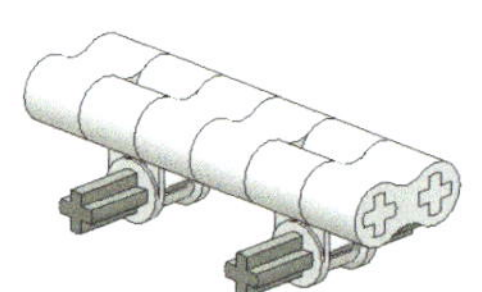

5

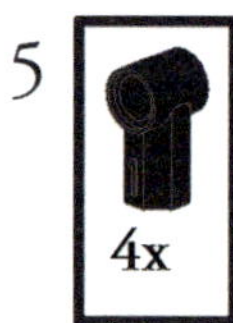

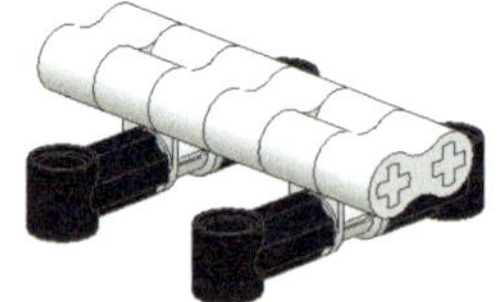

6 

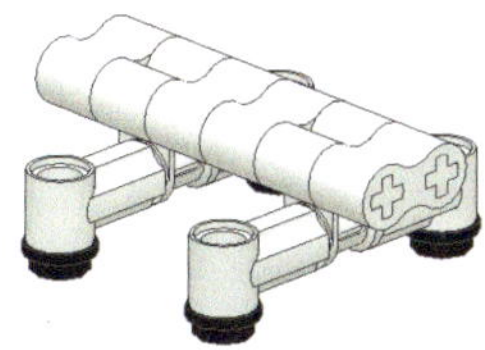

Bevor du nun den Laser in dem Halter befestigen kannst, spanne das Gummiband derart um den Halter, dass es sich in der Mitte überkreuzt. Anschließend ziehe das Gummiband am Kreuzungspunkt hoch und schiebe den Laser darunter, wie es in der Abbildung 9 gezeigt ist. Die Laserdiode sollte fest in der Halterung klemmen.

Als Nächstes widme ich mich dem Aufbau einer Halterung für die Batteriebox und den holografischen Film.

Abbildung 9:
Das Foto zeigt, wie du die Laserdiode in den Laserhalter einklemmen musst. Das Gummiband hält den Laser fest in seiner Position.

Den Batterieboxhalter kannst du ohne weitere Beachtung aus dem Interferometer-Buch übernehmen.

Laser-Hack 4: Batterieboxhalter bauen

Abbildung 10: *Batterieboxhalter aus LEGO®-Bausteinen*

Der Batterieboxhalter verbindet die Batteriebox fest mit dem Breadboard. So kann der fertige Aufbau problemlos herum getragen und gedreht werden. Das ist beim Betrachten der Hologramme sehr wichtig, da hiermit verschiedene Perspektiven gewählt werden können. Außerdem können die Kabel sicher verlegt werden, sodass diese nicht am Laser abreißen. Wenn du ein Netzgerät verwendest, kannst du diesen Laser-Hack überspringen.

Für den Aufbau benötigst du folgende LEGO®-Bausteine:

Anzahl	Artikelname	Art.-Nr.	Farbe
3	Plate 1 x 6	3666	Black
1	Plate 2 x 3	3021	Black
2	Tile 1 x 3	63864	Dark Bluish Gray
4	Technic Axle Joiner Double Flexible	45590	Black
8	Technic Axle Pin	43093	Blue
2	Technic Liftarm 7	32524	Black

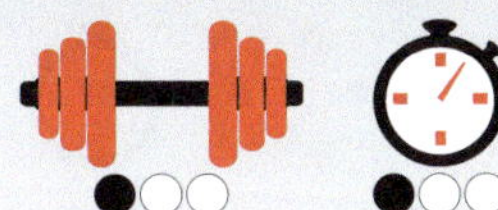

1

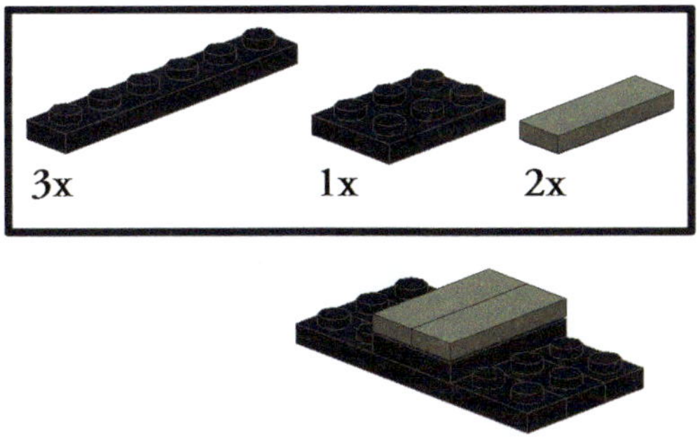

3x 1x 2x

2

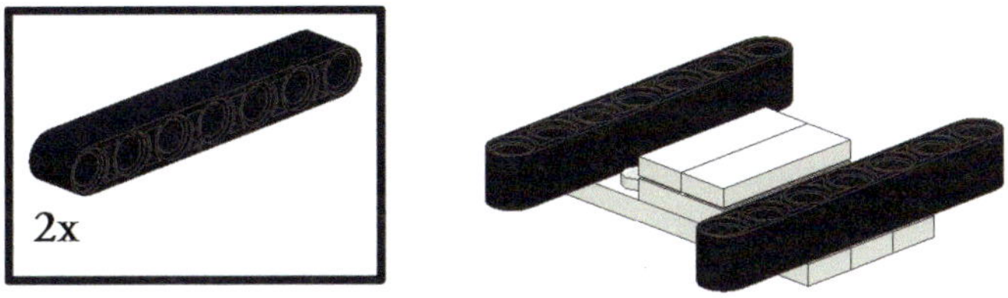

2x

3

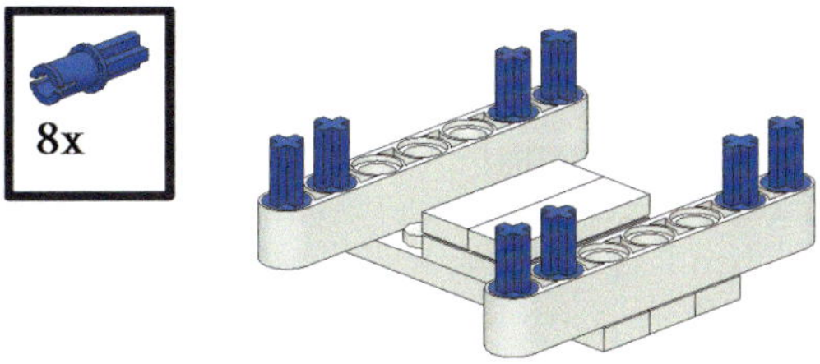

8x

4

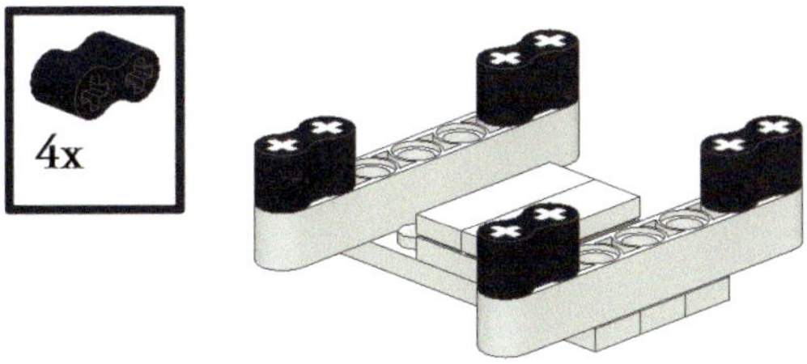

4x

Und schon ist der Batterieboxhalter aufgebaut. Nun fehlt nur noch ein Laser-Hack bis zu deinem ersten Hologramm. In diesem wird die Halterung für den holografischen Film aufgebaut!

Laser-Hack 5: Filmhalter bauen

Abbildung 11:
Filmhalter aus LEGO®-Bausteinen

Für das Aufzeichnen eines Hologramms benötigst du einen holografischen Film, der für die Dauer der Laser-Belichtung stabil im Aufbau gehalten werden muss. Da die Filme meist sehr dünn sind, verwende ich in meinem Aufbau Filmmaterial, das auf eine dünne Glasplatte laminiert wurde. Dadurch erhält der Film eine eigene mechanische Stabilität, kann frei stehen und mit lediglich zwei Backen aus LEGO®-Steinen befestigt werden.

Den Filmhalter aus LEGO®-Bausteinen habe ich dabei so entwickelt, dass sich die Filmplatte mit leichtem Druck von oben zwischen zwei Gummisteinen einschieben lässt. Zudem lassen sich weißes Papier und eine Glasplatte, wie ich sie beim Justieren des Aufbaus verwende (siehe Laser-Hack 6), einfach im Halter ein- und ausbauen. Filmhalter und Aufbau sind so konzipiert, dass gebrauchsfertige Filmplatten mit den Maßen 76 x 52 mm^2 verwendet werden können.

Die Glasplatte und die fertig laminierten Filmplatten habe ich bei der holozone GmbH bestellt. Alternativ erhälst du dort auch ein Set inkl. Anleitung, mit dem du selber die Filme kostengünstig auf die Glasplatten laminieren kannst.

Für die Filmhalter benötigst du die folgenden LEGO®-Bausteine. Mit diesen musst du die Bauanleitung 2x durchführen.

Anzahl	Artikelname	Art.-Nr.	Farbe
1	Glasplatte 76 x 52 mm², Dicke: 1mm		
2	Plate 2 x 2	3022	Dark Bluish Gray
4	Technic Axle Joiner Double Flexible	45590	Black
8	Technic Axle Pin Long with Friction Lengthwise and 1L Axle	11214	Dark Bluish Gray
8	Technic Brick 1 x 2 with Holes	32000	Black

1

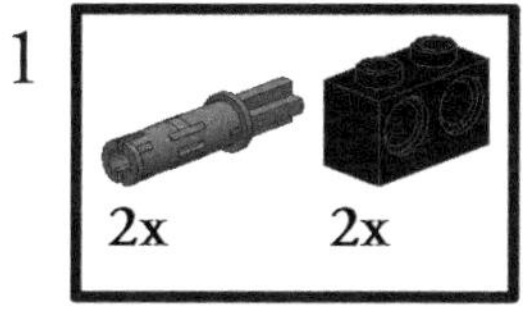

2

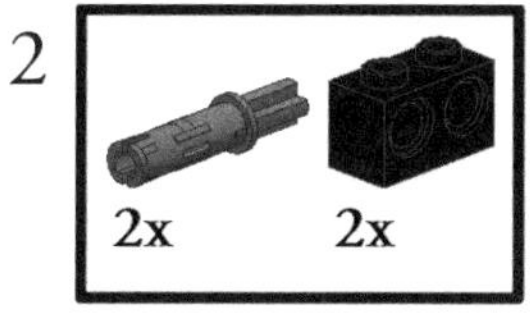

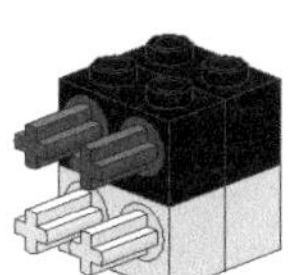

3

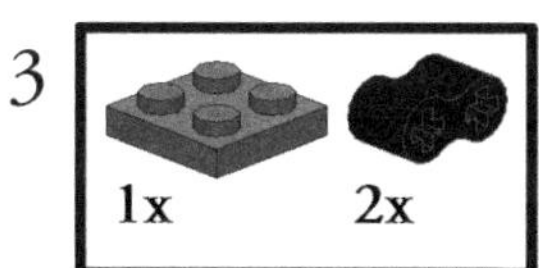

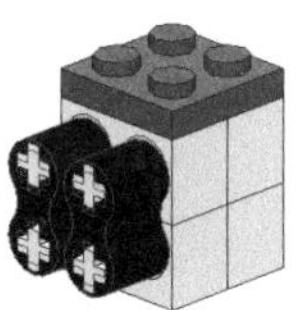

Alle Optiken (Film, Spiegel, Strahlteiler, ...) sollten seitlich an den Kanten gehalten werden, um die Oberflächen nicht zu beschmutzen. Übe bereits an der Glasplatte.

Vorsicht: Schnittgefahr!

Und schon ist der Filmhalter fertig aufgebaut. Du kannst nun testweise eine Glasplatte ohne Film hineinschieben, um ein Gefühl für diesen Vorgang zu bekommen. Probier` ruhig ein bisschen mit geschlossenen Augen aus, da dies für die Aufnahme des Hologramms später in Dunkelheit gemacht werden muss.

Abbildung 12:
Glasplatte in Filmhalter

Laser-Hack 6: Holografieaufbau aufbauen

Nun zeige ich dir, wie du die Komponenten auf dem Breadboard platzierst. Suche dir als erstes einen stabilen Untergrund bzw. Tisch in einer möglichst ruhigen Umgebung. Störungen in Form von Vibrationen sorgen schnell für ein Verwackeln des Aufbaus während der Hologrammaufzeichnung, was eine schlechte Bildqualität zur Folge hat.

Abbildung 13: *So sollte es auf deinem Tisch aussehen: Alle mechanischen und optomechanischen Komponenten mit denen du nun deinen Holografieaufbau fertigstellen kannst.*

Auf deinem Tisch sollten sich nun das Breadboard und die optomechanischen Komponenten befinden, die du bereits aufgebaut hast.

Aufbau und Justage führe ich am liebsten entlang der folgenden drei Schritte durch. Beim ersten Aufbau ist es sinnvoll, wenn du dich möglichst eng an diese Anleitung hälst und Schritt für Schritt vorgehst – dann wirst du sehen, wie einfach es ist, ein Hologramm zu erzeugen.

Zusätzlich zu den bereits aufgebauten Komponenten benötigst du die Teile aus folgender Liste:

Anzahl	Artikelname	Art.-Nr.	Bezugsquelle
1	Dickes weißes Papier (76 x 52 mm²)		
1	Philips AccentColor 1W LED		qualitaetsware24.de
1	Schaumstoff (50 x 50 x 2 cm³)	Noppe505020	schaumstofflager.de
1	LEGO®-Skeleton Warrior	cas328	Bricklink.com
1	Einweghandschuhe Größe 8	801225853	Conrad.de

Den Schaumstoff schneide ich mir vor dem Experimentieren passend zum Breadboard auf eine Größe von 21 x 16 cm².

Schritt 1: Lege das Breadboard mit der langen Seite zu dir gerichtet auf den festen Untergrund. Positioniere den ausgeschalten Laser (inkl. Halter) und die Batteriebox (inkl. Halter) genau so, wie auf dem Foto gezeigt. Die rot markierten Punkte sollen dir bei der Positionierung helfen. Du wirst merken, dass du die Füße des Laserhalters etwas auseinander ziehen musst, damit du den Halter entsprechend platzieren kannst.

Abbildung 14:
Schritt 1 der Justageanleitung für ein Hologramm: Aufbau von Laserhalterung und Batteriefach

VORSICHT LASERSTRAHLUNG !

Der Laser befindet sich nun in deinem Aufbau und ist mit der Batteriebox verbunden. Dadurch geht von ihm ein Gefährdungspotenzial aus. Achte deshalb sorgfältig darauf, dass niemand durch deinen Laser gefährdet wird. Um einen unachtsamen Eintritt Unbeteiligter in den Experimentierraum zu verhindern, hänge ich immer ein Warnschild außen an die Tür. Der positive Nebeneffekt ist, dass die Umgebung ruhig bleibt und die Filme nicht unbeabsichtigt belichtet werden.

Schritt 2: Positioniere den Filmhalter wie abgebildet auf dem Breadboard. Um die gleichmäßige Ausleuchtung des Films bei der späteren Hologrammaufzeichnung zu überprüfen, stecke ich in diesem Schritt das weiße Papier mit den gleichen Maßen wie die Filmplatte in den Filmhalter und schalte den Laser ein. Das Blatt sollte nun möglichst vollständig ausgeleuchtet sein. Sehr gut kannst du die Ausleuchtung überprüfen, wenn du dabei das Raumlicht ausschaltest. Da eine ungleichmäßige Belichtung zu einer schlechteren Qualität des Hologramms führt, solltest du versuchen die Ausleuchtung durch leichtes Drehen des Lasers in der Halterung zu verbessern bzw. zu optimieren. Siehst du dunkle Flecken oder Ringe auf dem Papier, musst du die Laseroptik unbedingt reinigen.

Der Film hat die Maße: 76 x 52 mm^2

Abbildung 15:
Schritt 2 der Justageanleitung für ein Hologramm: Positionierung der Filmhalter mit weißem Papier zur Kontrolle der Ausleuchtung

Folgende LEGO®-Figuren habe ich erfolgreich getestet. Die LEGO®-Designnr. ist angegeben.
Skelett cas328
Luke Skywalker sw0778
Snow Chewbacca sw0763

Um die LEGO®-Figur auf einem Fuß drehen zu können, verwende ich eine 1x1 Plate Round (Art.Nr. 4073).

Schritt 3: Nun wird das Objekt eingebaut und ausgeleuchtet. Hierzu schalte ich den Laser aus, entferne das Papier und stecke die Glasscheibe ohne Film in den Filmhalter. Bitte achte darauf, dass du die Platte nur an den Seiten anfasst, um keine Fingerabdrücke auf der Platte zu verursachen.

Dein gewähltes Objekt wird nun mittig, direkt hinter dem Film positioniert. Ich verwende hierbei gerne ein LEGO®-Skelett (Design-Nr. cas328). Bei der Position gilt: Je näher dein Objekt am Film steht, desto besser wirst du es später sehen.

Mit eingeschaltetem Laser überprüfst du jetzt die Ausleuchtung des Objekts. Alle Bereiche und Details des Skeletts sollten gut vom Laser bestrahlt werden. Zudem musst du darauf achten, dass kein Schatten bspw. durch den Filmhalter oder durch den Rand der Glasplatte auf dein Objekt fällt. Ist die Ausleuchtung nicht perfekt, kannst du das Objekt zur Optimierung entweder drehen und/oder eine bessere Position hinter dem Film finden.

Wenn alle Komponenten fest auf dem Breadboard platziert sind, stelle den gesamten Aufbau auf den Schaumstoff. Dadurch erhälst du zusätzlichen Schutz vor Schwingungen.

Abbildung 16:
Schritt 3 der Justageanleitung für ein Hologramm: Positionierung des Objekts inkl. Schaumstoff

Objektwahl

Bei der Rekonstruktion eines Hologramms werden die vom Objekt gestreuten Lichtwellen wiederhergestellt. Da ich einen roten Laser verwende, musst du bei der Wahl des Objekts darauf achten, dass rotes Licht von dem Objekt gut gestreut wird. Dies trifft auf weiße und rote Objekte mit matter Oberfläche zu. Grüne und schwarze Objekte sind äußerst ungeeignet.

Auf den folgenden Fotos siehst du verschieden farbige LEGO®-Bausteine unter Tages-(links) und rotem Laserlicht (rechts). Es ist zu erkennen, dass weiße und rote bzw. schwarze und grüne Objekte unter Laserlicht nicht zu unterscheiden sind. Ein weißes LEGO®-Skelett streut das rote Laserlicht durch die weiße und rote Farbe (Augen) sehr gut. Zudem hat es eine angemessene Größe und ist aufgrund der vielen Löchern sehr kontrastreich und dreidimensional.

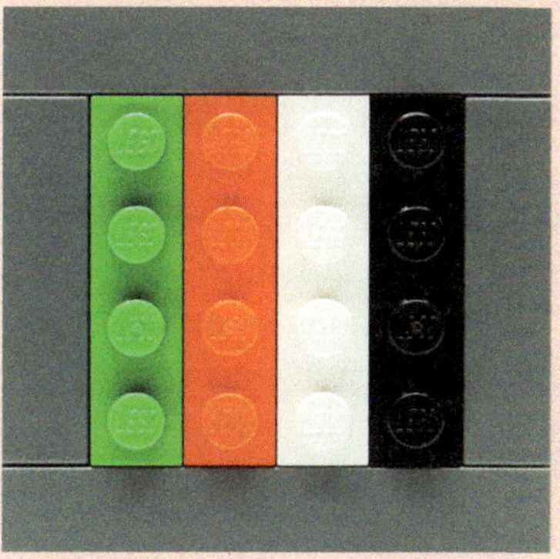 

Schlecht gewählte Farben bei den Objekten führen zu kontrastarmen Hologrammen. Allerdings kannst du auch die Farbe deines Lasers verändern und bspw. grüne Objekte durch Verwendung eines grünen Lasers aufzeichnen. Wie das geht, zeige ich dir in Laser-Hack 28.

Laser-Hack 7: Hologramm aufzeichnen

Jetzt ist die Zeit für dein erstes Hologramm gekommen! Du hast den Aufbau erfolgreich aufgebaut und dein Objekt wie gewünscht platziert. Ich beginne mit ein paar Informationen zum holografischen Film: Es handelt sich um einen Photopolymerfilm, der nur einmal belichtet werden kann. Besonders an den hier verwendeten Filmen ist, dass keine Entwicklung mit giftigen chemischen Bädern nötig ist und sich der Film bei der Belichtung selbst entwickelt.

VORSICHT Schutzhandschuhe tragen!

Zu dem holografischen Material ist bislang keine bekannte toxische Gefährdung bekannt. Vorsichtshalber empfiehlt der Hersteller aber, den direkten Kontakt mit dem unbelichteten Material zu vermeiden und während der Aufnahme Einweghandschuhe zu tragen. Hierdurch werden auch störende Fingerabdrücke vermieden.

Die Glühlampe habe ich bei https://qualitaetsware24.de/ gekauft.

Ich verwende sie auch beim Laminieren der Filme.

- Kontrolliere zuerst deine Schutzvorkehrungen (Laserschutz, Warnschild vor der geschlossenen Tür) und schalte eine möglichst schwache Hintergrundbeleuchtung ein. Dabei empfehle ich die Verwendung der Philips AccentColor 1W LED-Lampe. Ihre Lichtfarbe ist auf den holografischen Film abgestimmt, so dass der Film nicht belichtet wird und du bis zu 30 Minuten in einem Abstand von 30cm zwischen Film und Lampe arbeiten kannst.
- Ziehe nun die Einweghandschuhe über, entferne die Glasplatte aus dem Filmhalter und schalte das Raumlicht aus.
- Öffne die Box mit den Filmplatten und nimm die oberste vorsichtig heraus. Die Filmplatte musst du mit dem Film zum Objekt hin in den Filmhalter einsetzen. Wenn du dir die Filmplatte unter dem schwachen Licht anschaust, wirst du die laminierte Seite einfach finden. Der aufgebrachte Film ist etwas kleiner, als die Glasplatte. Wenn du dir nicht sicher bist, kannst du auch vorsichtig mit deinem Fingernagel (durch den Handschuh) die Kante des Filmmaterials erfühlen.

VORSICHT lichtempfindliche Filme!

Verschließe die Filmbox direkt wieder, damit du die verbleibenden Filme nicht versehentlich belichtest. Ein Öffnen der Box bei Tageslicht macht alle beinhaltenden Filme unbrauchbar.

Die folgende Skizze zeigt dir schematisch die erforderliche Anordnung von Glasplatte, Filmmaterial und Objekt zueinander.

Abbildung 17:
Schematische Skizze zur Ausrichtung des Films

- Setze die Filmplatte entsprechend in den Filmhalter ein und lass den Aufbau für eine Minute ruhen, damit sich der Aufbau mechanisch und thermisch beruhigen kann. Bei all diesen Schritten bleibt das Raumlicht weiter ausgeschaltet.
- Jetzt kannst du das Hologramm aufzeichnen. Hierzu nehme ich eine Stoppuhr und schalte den Laser vorsichtig ein. Verhalte dich während der Aufnahme sehr ruhig, berühre nicht den Tisch und stampfe nicht auf den Boden.

Abbildung 18:
Foto des Films inkl. Objekte während der Aufnahme eines Hologramms

Nach 2:30 Minuten kannst du dich wieder bewegen, das Objekt entfernen und du wirst automatisch dein Hologramm direkt sehen können! **Herzlichen Glückwunsch,** du hast dein erstes Hologramm aufgenommen!
Da der Film vollständig belichtet ist, kannst du auch das Raumlicht wieder einschalten.

Abbildung 19: *Foto des aufgezeichneten Hologramms. Die beiden Objekte stehen zum Vergleich der Lichtstärke daneben.*

Tipp: Ich markiere meine Hologramme immer oben rechts in der Ecke, um bei einem späteren Einbau nicht die ursprüngliche Orientierung suchen zu müssen.

Wenn du den gesamten Aufbau in die Hände nimmst und vor dir hin und her drehst, wirst du verschiedene Perspektiven auf dein Objekt erhalten und auch hinter die Objekte schauen können. Das ist eine echte dreidimensionale Rekonstruktion. Beeindruckend, nicht wahr?

Dieses Hologramm nennt man übrigens Reflexionshologramm, da die Betrachtung des Objekts und der Einfall der Referenzwelle aus gleicher Richtung erfolgen. Die rekonstruierte Objektwelle wird sozusagen in dein Auge »reflektiert«. Die folgende Skizze zeigt dir schematisch deinen Aufbau zur Aufnahme eines Hologramms in Reflexionsgeometrie.

In Laser-Hack 22 erkläre ich dir, wie du ein Transmissionshologramm aufnimmst.

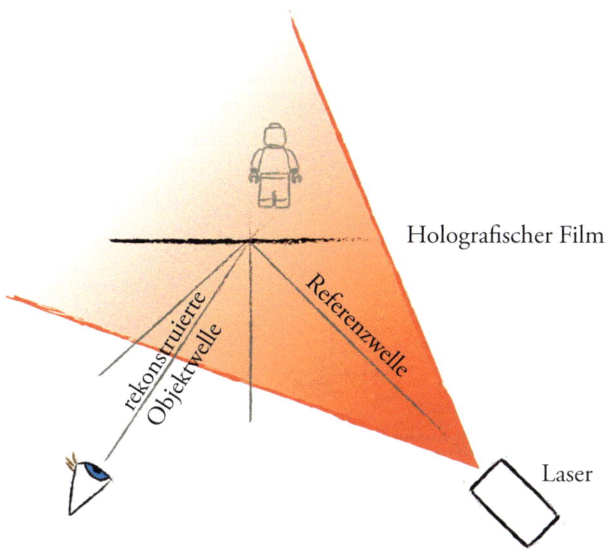

Abbildung 20:
Schematische Skizze eines Reflexionshologramms

Um zu verstehen, wie das dreidimensionale Abbild zustande kommt, beschreibe ich als erstes die Unterschiede und Gemeinsamkeiten zu einem Foto.

Bei einem Foto herrscht ein fester Zusammenhang zwischen den einzelnen Punkten vom Objekt und vom Film. Jeder Punkt eines Fotos stellt einen ganz bestimmten Punkt des Objekts dar. Dabei ist es egal aus welchen Blickwinkel das Foto betrachtet wird.

Wird ein Foto beschnitten, verliert man entsprechende Punkte des Objekts und das Objekt ist nicht mehr vollständig erkennbar. So könntest du bei einem Foto von deinem LEGO® -Skelett bspw. ein Bein abschneiden.

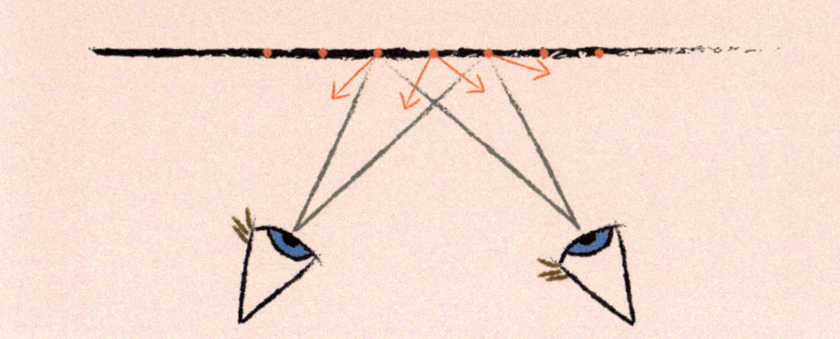

Bei einem Hologramm stellt jeder Punkt auf dem Film (z.B. F_1) gleichzeitig alle Punkte vom Objekt dar (z.B. O_1 & O_2). Damit ist es möglich, unter verschiedenen Blickwinkeln auf das Hologramm verschiedene Ansichten des Objekts zu sehen. Wie in der Skizze schematisch gezeigt gibt der gleiche Punkt vom Film einmal den Fuß und einmal den Kopf wieder. Da dies für alle Punkte des Films gilt, wird auch klar, dass du Objekte auch nach Beschneiden deines Hologramms noch rekonstruieren kannst.

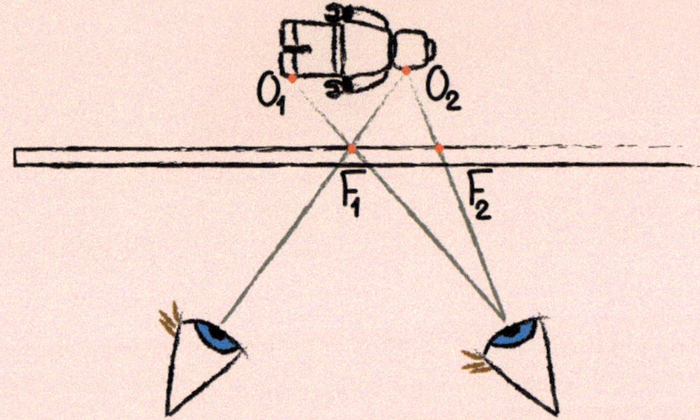

Die Punkte eines Hologramms arbeiten damit wie sehr kleine Fenster oder wie ein Schlüsselloch. Schaust du hindurch kannst du dein dahinterliegendes Objekt immer noch in vollem Umfang sehen - und zwar aus genau einer Richtung.

Diese besondere Eigenschaft des Hologramms liegt daran, dass alle bei der Belichtung vom Objekt gestreuten Lichtwellen rekonstruiert werden. Da jeder Punkt des Objekts Licht in alle Richtungen streut, wird jeder einzelne Punkt des Films (bspw. F_1 und F_2) durch Lichtwellen von allen unterschiedlichen Punkten des Objekts erreicht.

Laser-Hack 8: Hologramm-Booster bauen

Abbildung 21:
Foto des Hologramm-Boosters aus LEGO®-Bausteinen

Du hast jetzt dein erstes Hologramm aufgezeichnet und wirst sicher bemerkt haben, dass es bei Dunkelheit deutlich besser zu erkennen ist als bei Raumlicht. Um die Hologramme aber auch bei normalen Lichtverhältnissen gut erkennen zu können, ist es sinnvoll, einen schwarzen Hintergrund hinter dem Hologramm zu platzieren. Hierdurch wird der Bildkontrast erhöht.

Ich empfehle dir eine einfache Wand aus LEGO®-Bausteinen, für die du die Teile aus der folgenden Liste benötigst:

Anzahl	Artikelname	Art.-Nr.	Farbe
6	Brick 1 x 10	6111	Black

Diese Wand kannst du einfach direkt hinter den Filmhalter stellen. Auf den folgenden Fotos kannst du den direkten Vergleich sehen.

Mit der Zeit kann sich der optimale Rekonstruktionswinkel verändern. Durch Verschieben bzw. Verdrehen des Lasers kannst du diesen Effekt ausgleichen.

Abbildung 22: *Foto des aufgezeichneten Hologramms bei Raumlicht ohne Hologramm-Booster*

Abbildung 23: *Foto des aufgezeichneten Hologramms bei Raumlicht mit Hologramm-Booster*

Und schon hast du das erste Kapitel abgeschlossen. Du weißt nun, wie du Hologramme aufnehmen und rekonstruieren kannst. Um die physikalischen und chemischen Prozesse im Hintergrund verstehen zu können, empfehle ich dir den zweiten Teil des Buchs. Hier lernst du, wie du holografische Gitter aufzeichnen kannst.

Holografische Gitter aufzeichnen

Abbildung 24:
Foto des fertigen Aufbaus zum Aufzeichnen holografischer Gitter mit Laserdiode, Optiken und LEGO®-Bausteinen

Um die physikalischen und chemischen Prozesse bei der Belichtung und Rekonstruktion eines holografischen Films verstehen zu können, ist es sinnvoll, die Aufnahme des »einfachst möglichen Hologramms« genauer zu betrachten: Das holografische Gitter. Es stellt das Hologramm von nur einem einzigen Objektpunkt in sehr großem Abstand zum Film dar. Für den Aufbau benötigst du weitere optomechanische Komponenten, die du mit den folgenden Bauanleitungen nachbauen kannst. Wie zuvor folgen dann der Aufbau, die Justage des Experiments und die Aufzeichnung des holografischen Gitters.

Interferenz beschreibt eine Überlagerung von kohärenten (Licht-) Wellen. Hier treten interessante Effekte auf, wie das Verstärken oder Auslöschen von Lichtwellen. Mehr dazu erkläre ich dir ab Seite 100.

Bei Aufnahme und Rekonstruktion von Hologrammen spielen die physikalischen Phänome von Interferenz & Beugung eine zentrale Rolle. Interferenz tritt auf, sobald sich kohärente (Licht-)Wellen überlagern. Während sich bei der Aufzeichnung eines Bildhologramms der Laser-Hacks 1-8 in jedem Punkt des Films sehr viele Strahlen überlagern, werden in dem folgenden Experiment lediglich zwei Laserstrahlen zur Interferenz gebracht. Dadurch entsteht ein besonders einfaches Lichtmuster, mit dem sich die photophysikalischen Prozesse im holografischen Film schrittweise und detailliert nachvollziehen lassen.

Im Experiment, das auch als »Zwei-Strahl-Interferometer« bezeichnet wird, wird als Lichtquelle eine Laserdiode mit kleiner Divergenz genutzt. Der Laserstrahl wird mithilfe eines Strahlteilers in zwei Teilstrahlen aufgeteilt, die ebenso als Referenz- und Objektwelle bezeichnet werden. Über zwei Laserspiegel werden beide Strahlen unter einem Winkel zueinander auf den holografischen Film gelenkt und dort überlagert. Es entsteht ein periodisches (sinusförmiges) Lichtinterferenzmuster, das aus parallelen Lichtstreifen besteht und das »einfachst mögliche Hologramm« erzeugt. Die Linienstruktur entspricht einem Strichgitter, an dem Licht gebeugt werden kann. Ein solches »Beugungsgitter« kennst du bestimmt schon aus der Schule?

Mehr zum Thema Beugungsgitter erkläre ich dir in Laser-Hack 18!

Zweistrahlinterferometer und holografische Gitter werden sehr häufig in Wissenschaft und Technik verwendet. Anwendungen umfassen die Wellenlängenfilterung zur Kanaltrennung in der optischen Nachrichtentechnik, holografische Head-Up-Displays oder die holografische Datenspeicherung.

Abbildung 25: *Foto des fertigen Aufbaus zum Aufzeichnen holografischer Gitter. Obwohl ein Teilstrahl geblockt wird, ist der rekonstruierte Strahl rechts auf dem Schirm erkennbar.*

Ich habe den Aufbau so entwickelt, dass viele der Komponenten aus den Laser-Hacks 1-8 verwendet werden können.

Einige weitere Komponenten sind baugleich mit denen aus dem Buch »INTERFEROMETER zum Selberbauen«.

Achte bei der Verwendung des Lasers aus dem Interferometer-Buch auf die richtige Polarisationsrichtung, die auf S. 55 beschrieben wird.

ACHTUNG!
Du benötigst hier einen anderen Laser als in Laser-Hack 2!

Laser-Hack 9: Laser mit Strom versorgen

Für diesen Laser-Hack benötigst du die in der Tabelle aufgelisteten Materialien:

Anzahl	Artikelname	Art.-Nr.
1	DBI650-1-3-FA(12x40)-F3400	70113303
1	Batteriebox 2x Mignon (AA)	1318437
2	Mignon (AA)-Batterie 1.5V	650640
1	Lötkolben	616675
1	Dritte Hand	588221
1	Lötzinn	1666025
1	Schrumpfschlauch 2mm	1567338
1	Feuerzeug	801067895

In diesem Bauschritt musst du analog zu Laser-Hack 2 einen Laser mit seiner Stromquelle verbinden. Dafür kannst du genauso vorgehen, wie du es anfangs gemacht hast. Ich empfehle wieder die Verwendung von einer Batteriebox, denn der Laser benötigt ebenfalls eine Betriebsspannung von 3 V.

Im Gegensatz zum ersten Laser handelt es sich bei diesem Laser um einen Laserpointer mit sehr kleiner Divergenz, so dass sich sein Strahldurchmesser über größere Entfernung nur wenig ändert. Ich habe dieses Lasermodell ausgewählt, da es im Vergleich zu anderen Laserpointern ein vergleichsweise rundes und homogenes Strahlprofil aufweist und zugleich relativ günstig ist.

Bevor du den Laser einschaltest, muss ich dir erneut Folgendes sagen:

VORSICHT LASERSTRAHLUNG !

Der verwendete Laser hat eine maximale Leistung von **P = 1mW** bei einer Wellenlänge von **λ = 650nm** (rot) und gehört der **Laserklasse 2** an.

Bitte nicht direkt in den Laser blicken!

Siehe auch DGUV Vorschrift 12 (2007)

Das folgende Foto zeigt das Strahlprofil des Lasers in einem Abstand von ca. 10cm auf einer weißen Fläche. Neben dem Laserstrahl (Punkt in der Mitte) sind rechts und links zwei halbkreisförmige Lichtmuster zu sehen. Diese kannst du zur Bestimmung der Richtung der Lichtpolarisation nutzen, da ich festgestellt habe, dass die Polarisation immer annähernd senkrecht zu der gedachten Ebene aus: Lichtmuster-Punkt-Lichtmuster steht.

Stelle dazu das Buch mit dieser geöffneten Seite vor dir hin, schalte den Laser ein und richte den Laserstrahl parallel zum Tisch verlaufend mit einem Abstand von ca. 10 cm auf die Abbildung. Bringe den Strahl deines Pointers mit dem Punkt zur Deckung. Drehe nun den Laser so lange, bis sich die Lichtmuster deines Laserpointers mit denen auf dem Foto decken. In dieser Ausrichtung klebst du den Laserwarnaufkleber mittig von oben auf den Laser; der Laserstrahl ist nun senkrecht zur Tischoberfläche polarisiert.

Die Polarisation wird für Laser-Hack 31 wichtig. Dort findest du mehr Informationen zum Thema. Auf unserer Webseite findest du zudem Videos, mit denen du die Polarisationsrichtung noch präziser einstellen kannst.

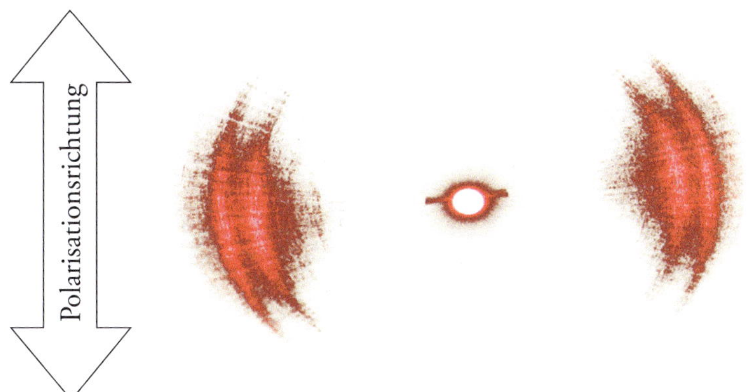

Abbildung 26:
Foto von Strahl und halbkreisförmigen Lichtmustern meiner Laserdiode. Die beiden Ausläuferstrahlen sind gut erkennbar. Der Pfeil zeigt dir die Polarisationsrichtung des Lasers an.

Laser-Hack 10: Laserhalter anpassen

Abbildung 27:
Foto des Laserhalters aus Laser-Hack 3 erweitert um Säule aus LEGO®-Bausteinen

Für den Laser benötigst du eine mechanische Fassung, die ich aufbauend auf dem Halter aus Laser-Hack 3 entworfen habe. Hauptunterschied ist eine Säule, die eine höhere Strahlhöhe ermöglicht. Für die Säule benötigst du die folgenden LEGO®-Bausteine. In zwei Schritten ist der Halter aufgebaut.

Anzahl	Artikelname	Art.-Nr.	Farbe
8	Brick 2 x 4	3001	Black
1	Plate 6 x 6	3958	Dark Bluish Gray

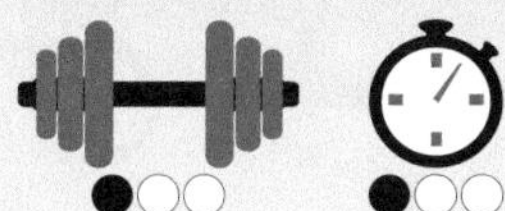

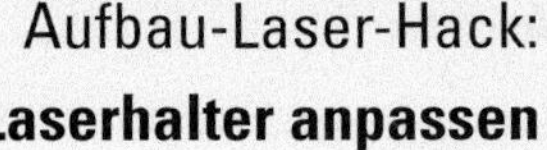
Aufbau-Laser-Hack:
Laserhalter anpassen

HACK
#10

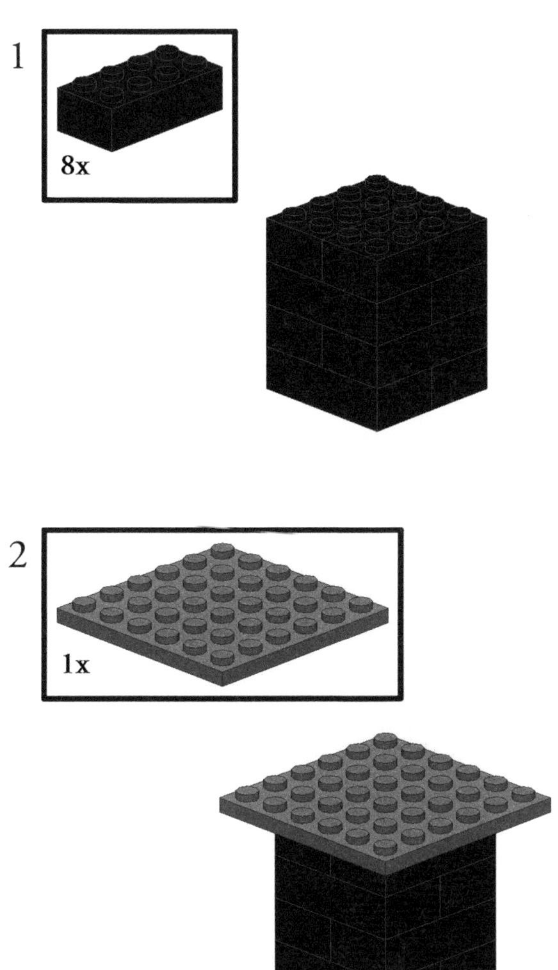
1
8x
2
1x

Nun steckst du deinen Laserhalter aus Laser-Hack 3 auf die Säule und tauschst den Laser aus. Achte beim Einbau darauf, dich wie in Abbildung 28 gezeigt an dem Warnlabel zu orientieren, damit die Polarisationsrichtung senkrecht zur Tischebene eingestellt ist!

Und schon ist der Laser für das Experiment vorbereitet. Im nächsten Laser-Hack zeige ich dir, wie du die benötigten Spiegelhalter aufbaust.

Abbildung 28:
Foto des Laserhalters mit neuem Laser und Säule aus LEGO®-Bausteinen

Laser-Hack 11: Spiegelhalter bauen

Die Spiegelhalter aus dem Interferometer-Buch kannst du direkt übernehmen.

Abbildung 29: *Spiegelhalter aus LEGO®-Bausteinen*

Die bisherigen Komponenten zielten auf einen mechanisch möglichst stabilen laseroptischen Holografieaufbau auf dem Breadboard ohne bewegliche Bauteile. In diesem Laser-Hack widme ich mich justierbaren Spiegelhaltern, die neben der reinen mechanisch stabilen Befestigung der Laserspiegel auch die Feinjustage von Referenz- und Objektwelle im Zwei-Strahl-Interferometer ermöglichen. Der Spiegelhalter besitzt präzise Einstellmöglichkeiten mit Drehfunktion für die horizontale und Kippfunktion für die vertikale Einstellung der Laserstrahlen.

Als Spiegel wird ein Vorderflächen-Glasspiegel (Art.-Nr.: 504.NSZ) verwendet, welchen du bei der Firma Edunikum kaufen kannst.

Zusätzlich zu den LEGO®-Bausteinen benötigst du drei Gummiringe mit einem Durchmesser von 25mm.

Die folgende Bauteilliste zeigt dir die LEGO®-Bausteine, die du für den Aufbau von zwei Spiegelhaltern benötigst:

Anzahl	Artikelname	Art.-Nr.	Farbe
4	Plate 1 x 6	3666	Black
4	Technic Axle 2 Notched	32062	Black
4	Technic Axle 3 with Stud	6587	Dark Tan
4	Technic Axle 4	3705	Black
2	Technic Axle 4 with Stop	87083	Dark Bluish Gray
6	Technic Axle 5	32073	Light Gray
2	Technic Axle 7	44294	Light Gray
2	Technic Axle 12	3708	Black
2	Technic Axle Connector 2L	59443	Black
2	Technic Axle Joiner Double Flexible	45590	Black
4	Technic Axle Pin	43093	Blue
4	Technic Axle Pin Long with Friction Lengthwise and 1L Axle	11214	Dark Bluish Gray
4	Technic Brick 1 x 6 with Holes	3894	Black
8	Technic Bush 1/2 Smooth	32123	Light Gray
16	Technic Bush	3713	Light Gray
4	Technic Cross Block 1 x 2 (Axle/Pin)	6536	Black
4	Technic Cross Block 1 x 3 (Axle/Pin/Axle)	32184	Black
2	Technic Cross Block 2 x 2 (Axle/Twin Pin)	32291	Black
4	Technic Gear 20 Tooth Double Bevel	32269	Black
4	Technic Liftarm 2 x 0.5 Liftarm	41677	Black
4	Technic Liftarm 3	32523	Black
4	Technic Liftarm 3 x 3 T-shaped	60484	Black
4	Technic Liftarm 3 x 3.8 x 7 Liftarm Bent 45 Double	32009	Black
8	Technic Liftarm 3 x 5 Bent 90	32526	Black
4	Technic Liftarm 4 x 6 Liftarm Bent	6629	Black
4	Technic Liftarm 5	32316	Black

Anzahl	Artikelname	Art.-Nr.	Farbe
2	Technic Liftarm 5 x 0.5 Liftarm with Axle Holes at Both Ends	11478	Black
2	Technic Liftarm 7	32524	Black
2	Technic Liftarm 7 x 5 with Open Center 5 x 3	64179	Light Gray
2	Technic Linear Actuator Small	92693c01	Light Gray
24	Technic Pin	2780	Black
32	Technic Pin Long	6558	Blue
14	Technic Pin Long with Stop Bush	32054	Black
2	Technic Turntable Type 3 Base	18939	Light Gray
2	Technic Turntable Type 3 Top	18938	Black
2	Technic Worm Gear	4716	Light Gray

Die Aufbauanleitung zeigt dir detailliert den Aufbau der Spiegelhalter. Ich habe mehrere Varianten vorher getestet und finde, dass dicse Version am besten für Justagezwecke geeignet ist. Beachte, dass eine Winkelverstellung meist um nur wenige Grad erforderlich ist. Mir macht es immer sehr viel Spaß die mechanische Funktion und insbesondere die Ursache des 'Schlupfes' der Zahnräder beim Einstellen der Spiegel genau zu verstehen.

Den Spiegelhalter musst du nun zweimal aufbauen.

Basiselement der Drehkonstruktion ist der Drehkranz, der bei den LEGO® Systembaukästen eine wichtige Rolle bspw. im LEGO® TechnicTM Kranwagen spielt.

1

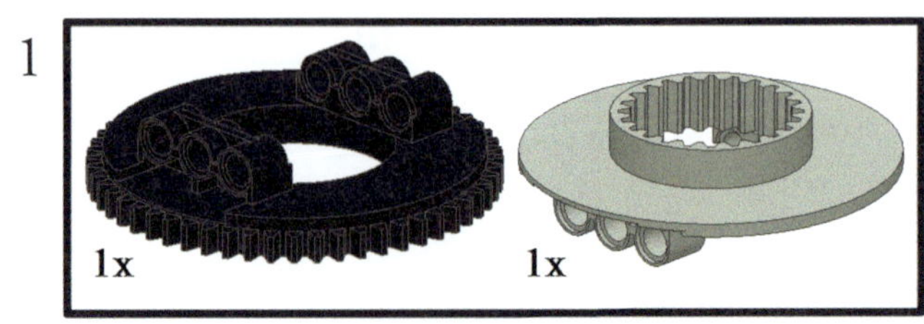

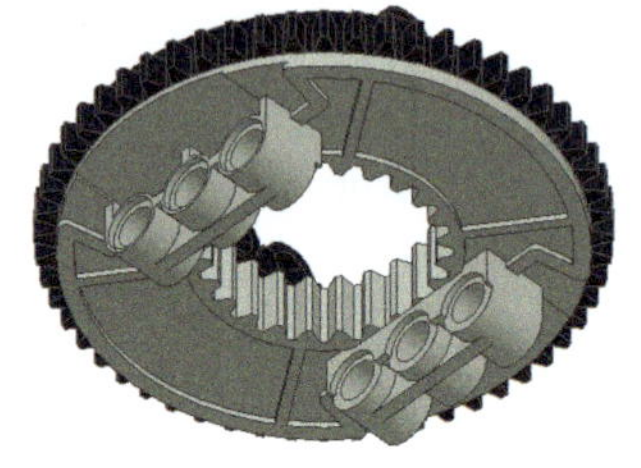

2

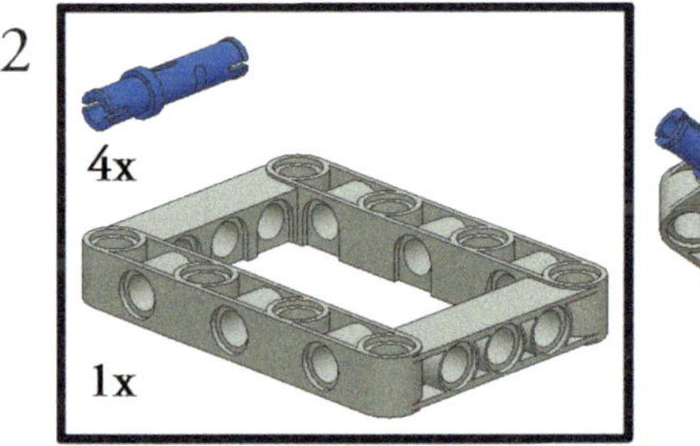

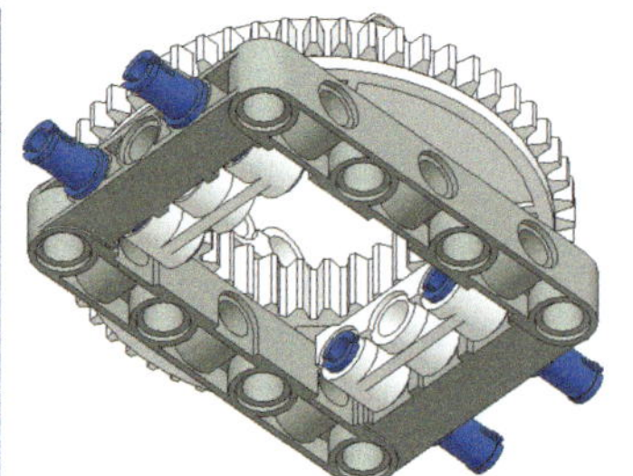

3

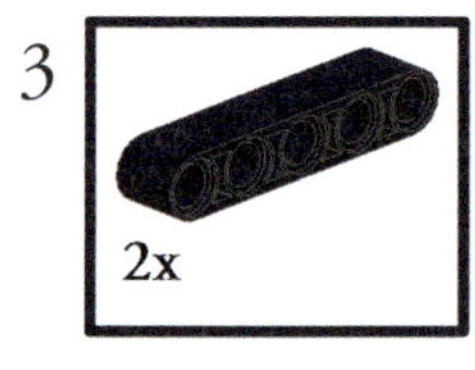

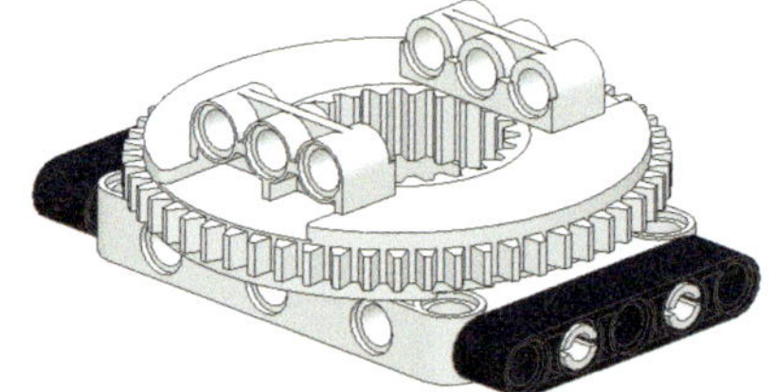

4

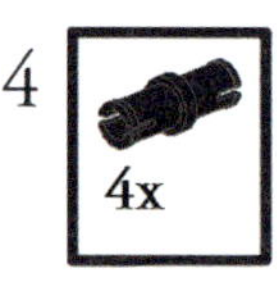

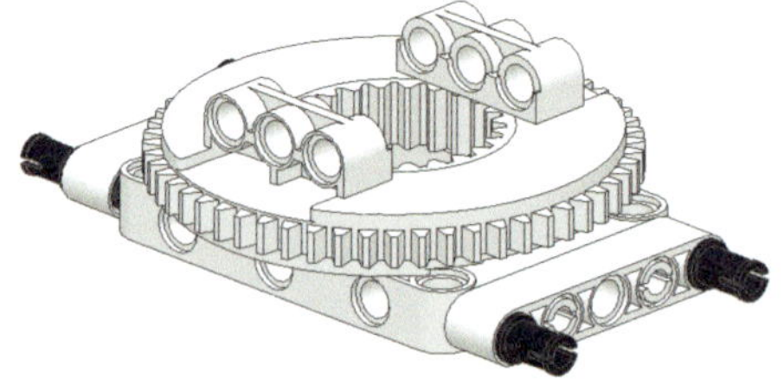

5

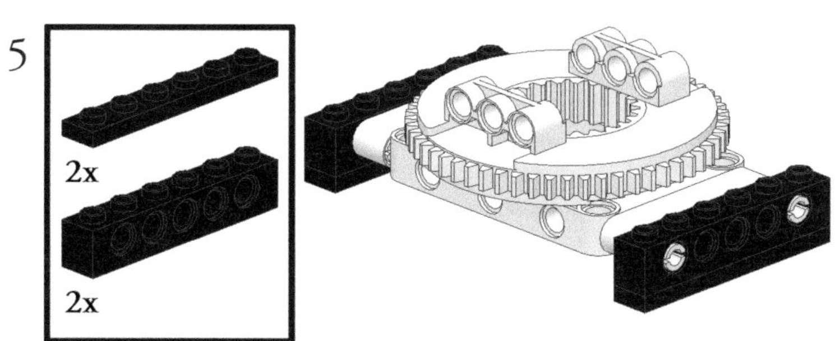

6

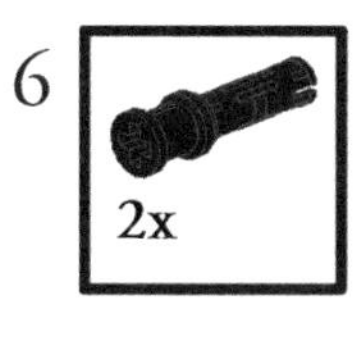

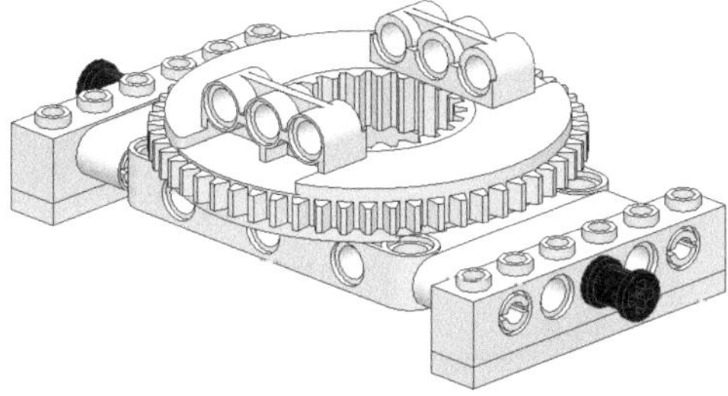

7

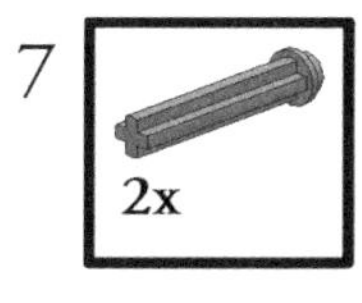

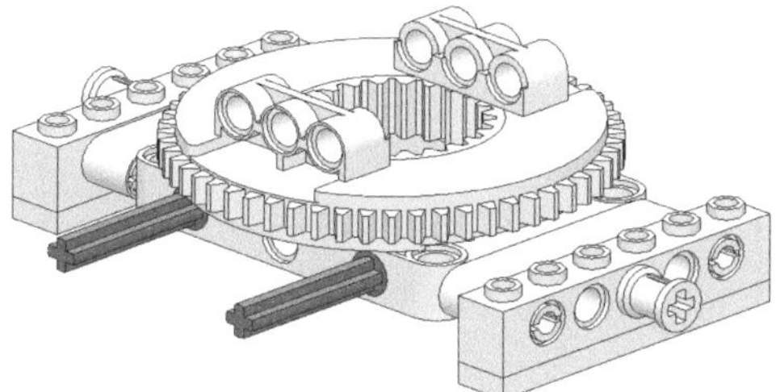

8

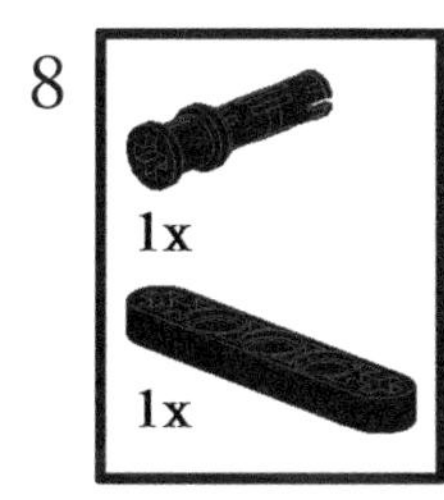

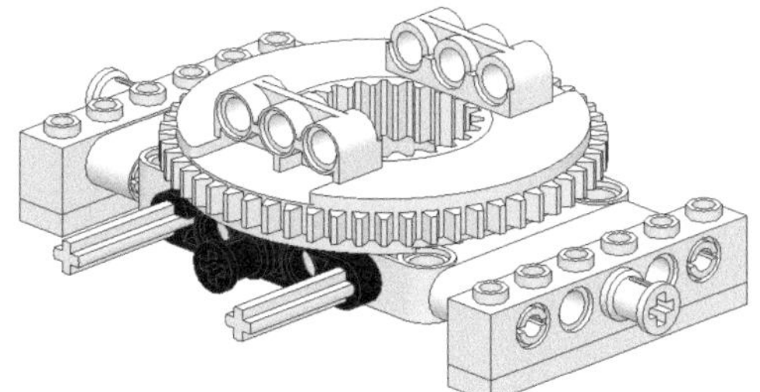

Ab diesen Bauschritt verfügt der Spiegelhalter über seine Drehfunktion.

Diese hat einen maximalen Drehwinkel von 360°. Eine Zahnradumdrehung entspricht dabei 5,8°. Du kannst eine Winkelgenauigkeit von unter 0,5° erreichen.

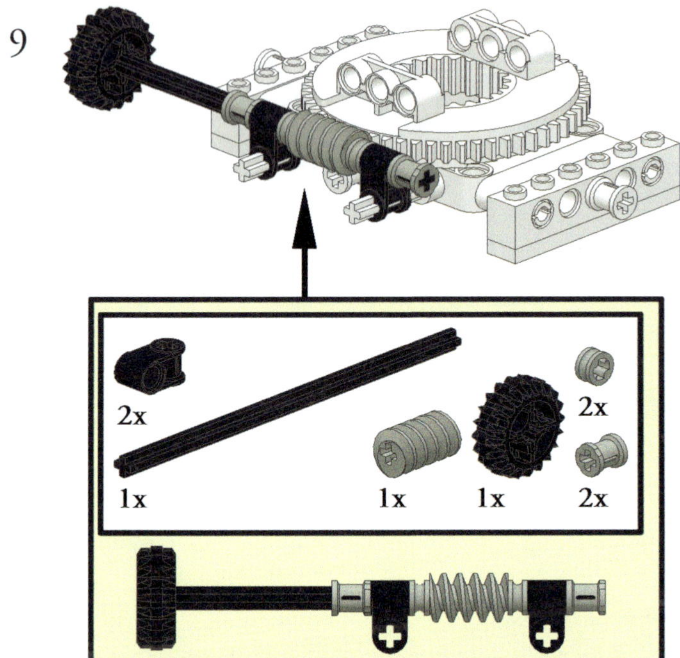

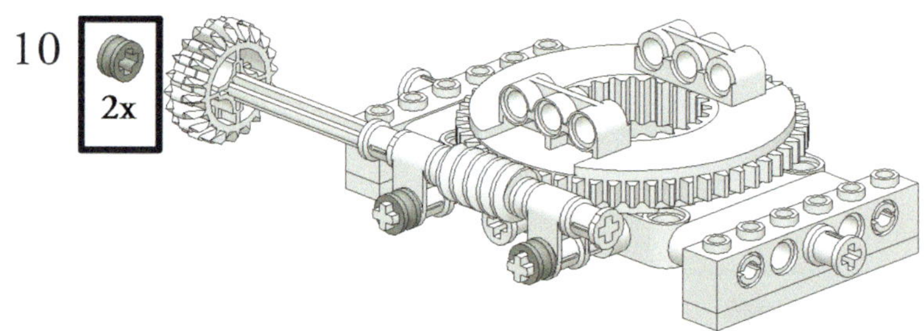

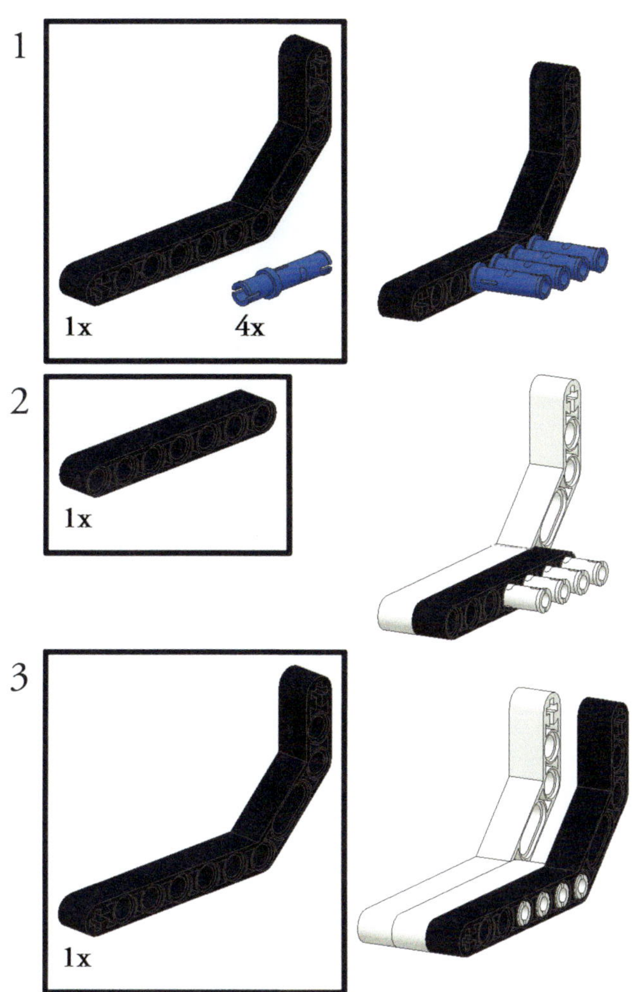
1
1x
4x
2
1x
3
1x

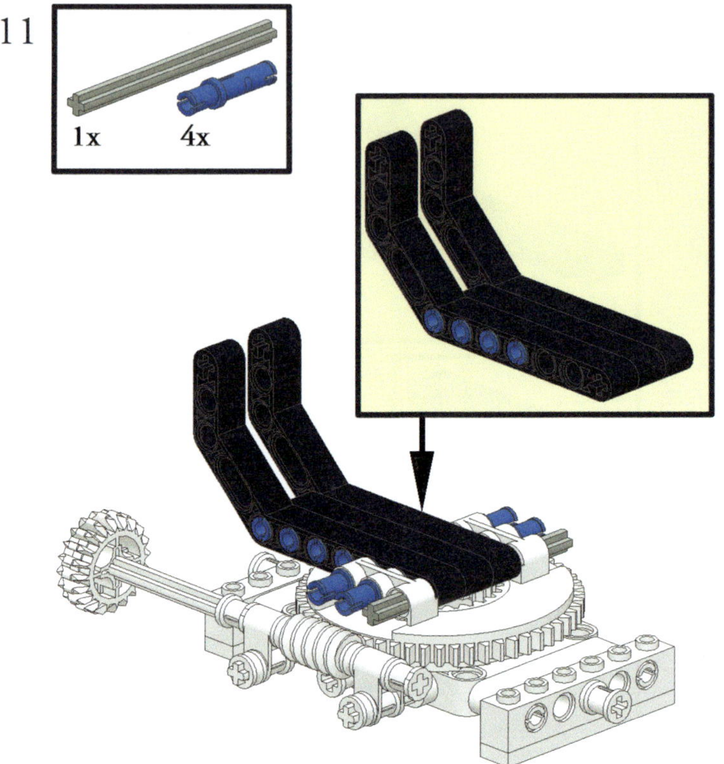
11
1x
4x

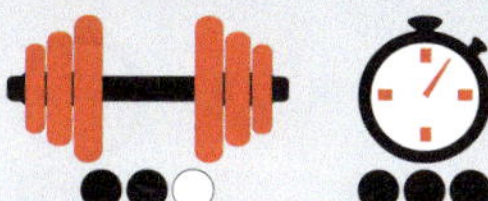

HACK
#11

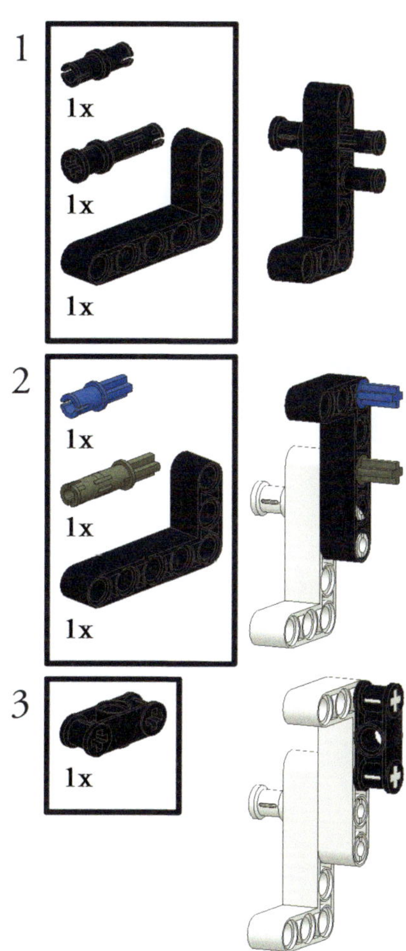
1
1x
1x
1x
2
1x
1x
1x
3
1x

12

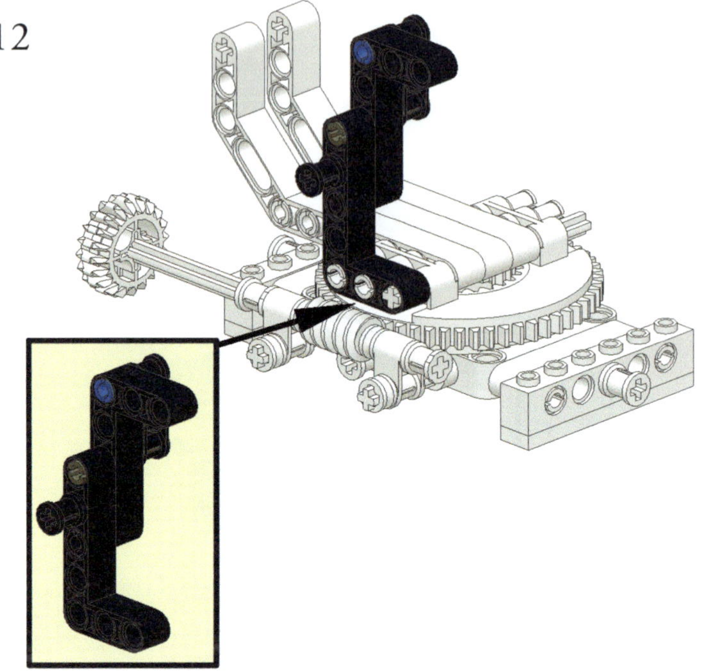

1
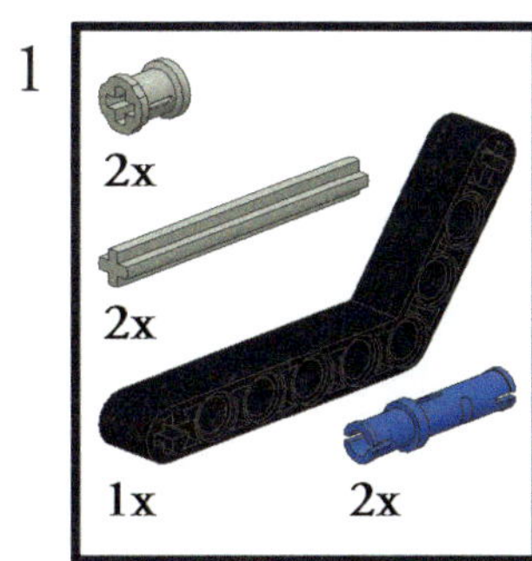

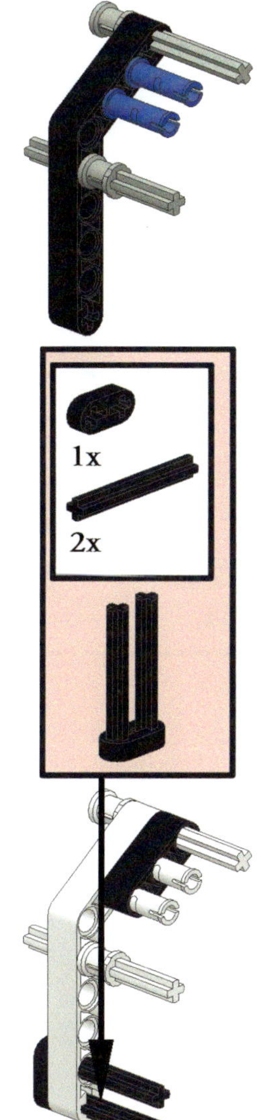

2
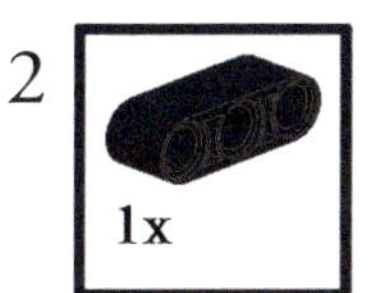

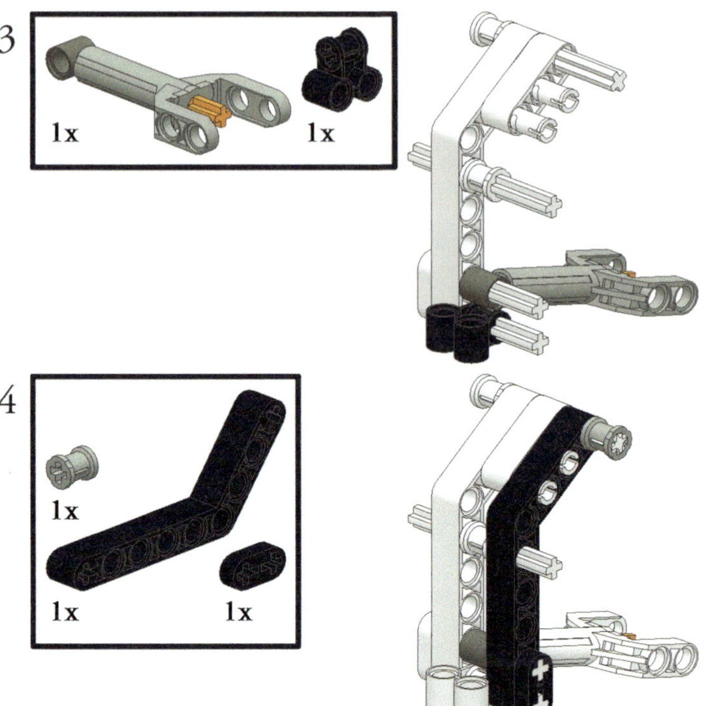
3
1x
1x
4
1x
1x
1x

13

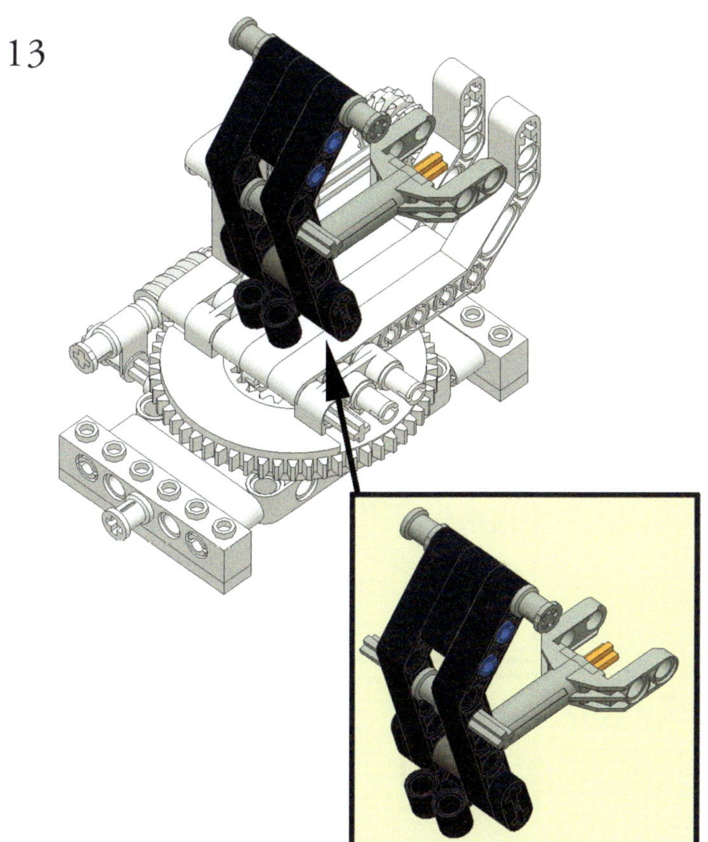

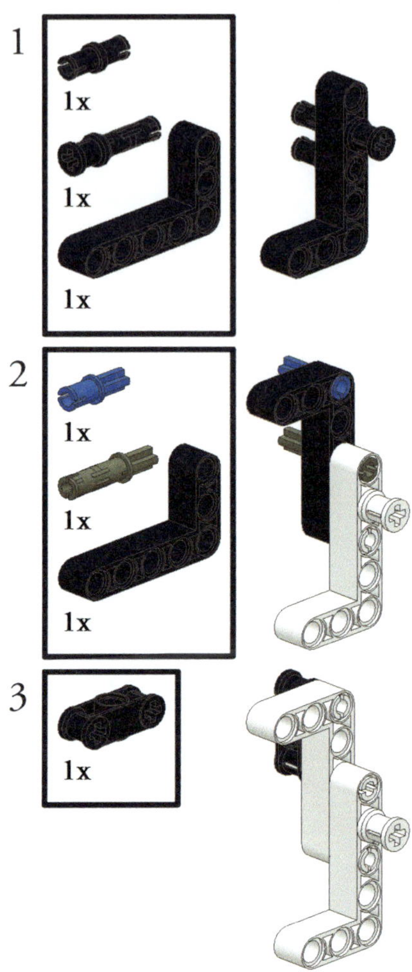
1
1x
1x
1x
2
1x
1x
1x
3
1x

14

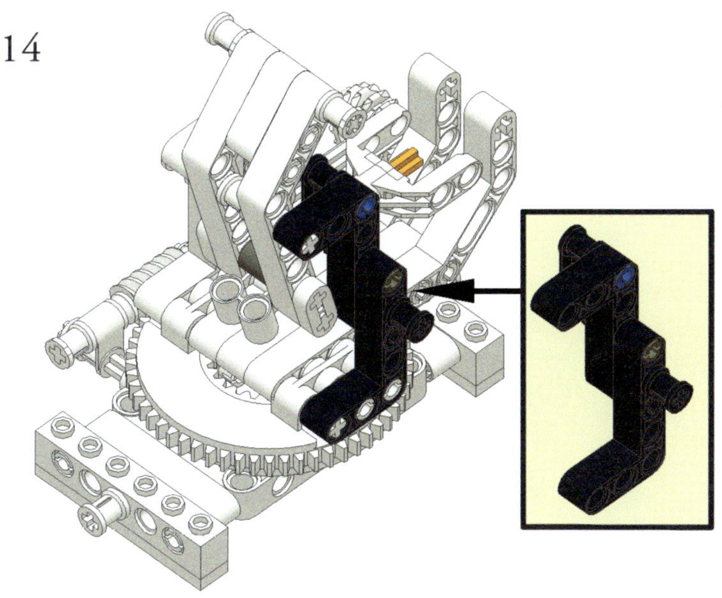

15

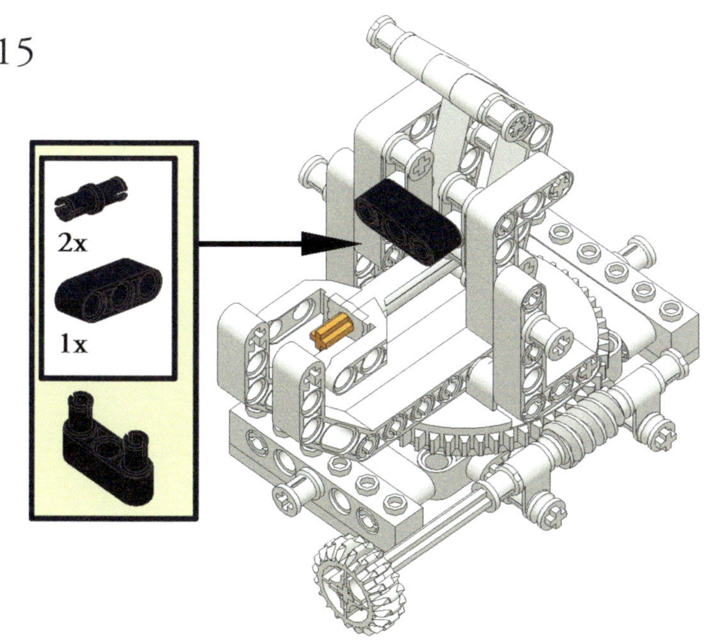

16

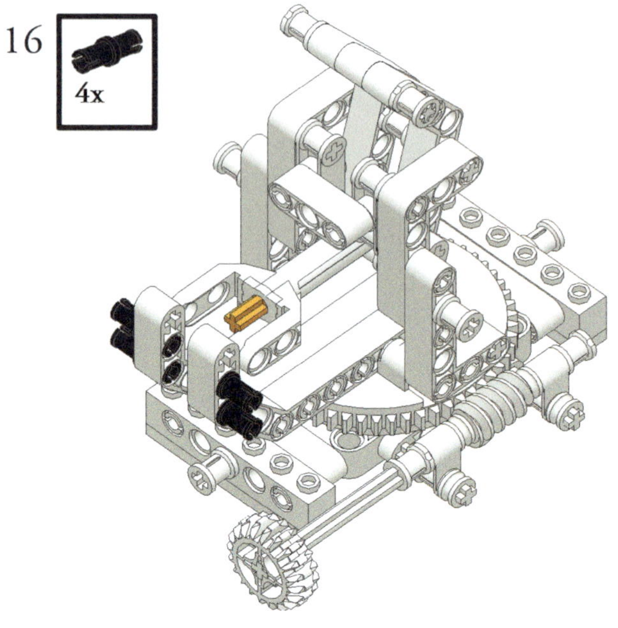

17

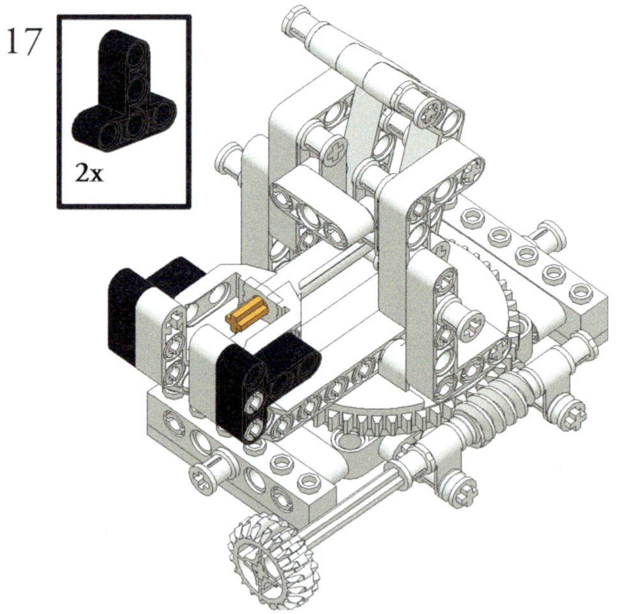

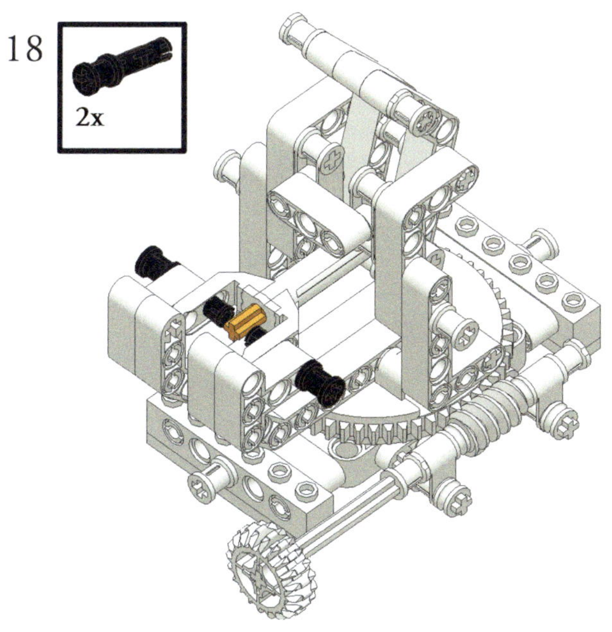
18
2x

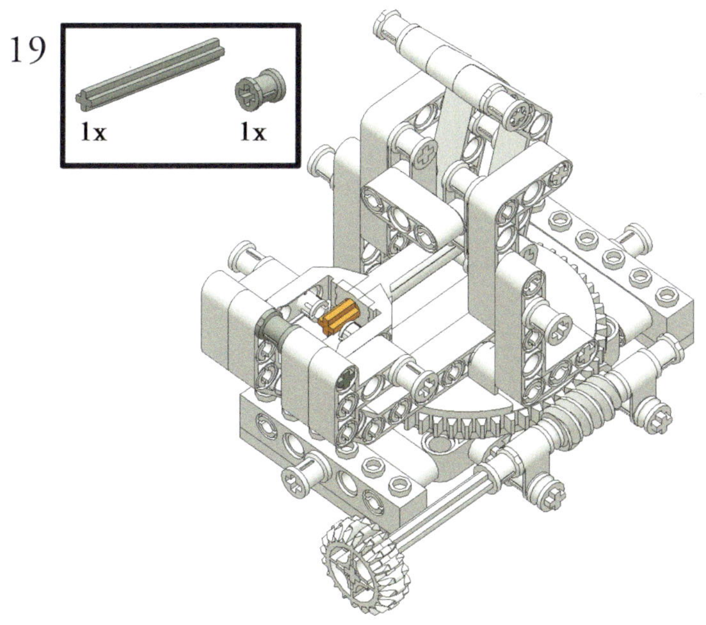
19
1x
1x

Ab diesen Bauschritt verfügt der Spiegelhalter über seine Kippfunktion.

Diese hat einen maximalen Neigungswinkel von 52°. Eine Zahnradumdrehung entspricht dabei 4,8°. Du kannst eine Winkelgenauigkeit von unter 0,5°erreichen.

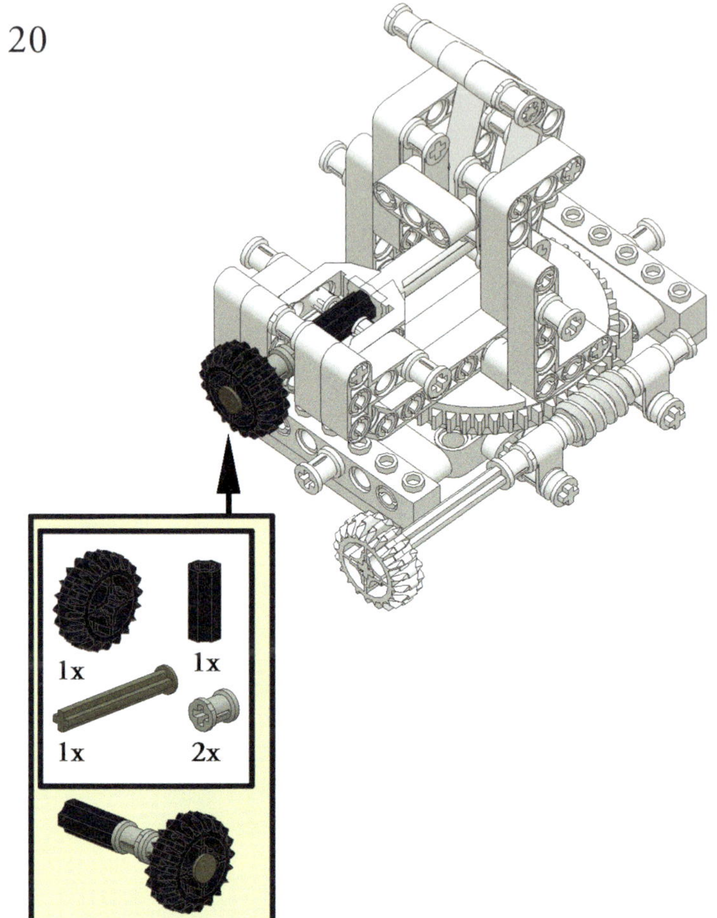

21

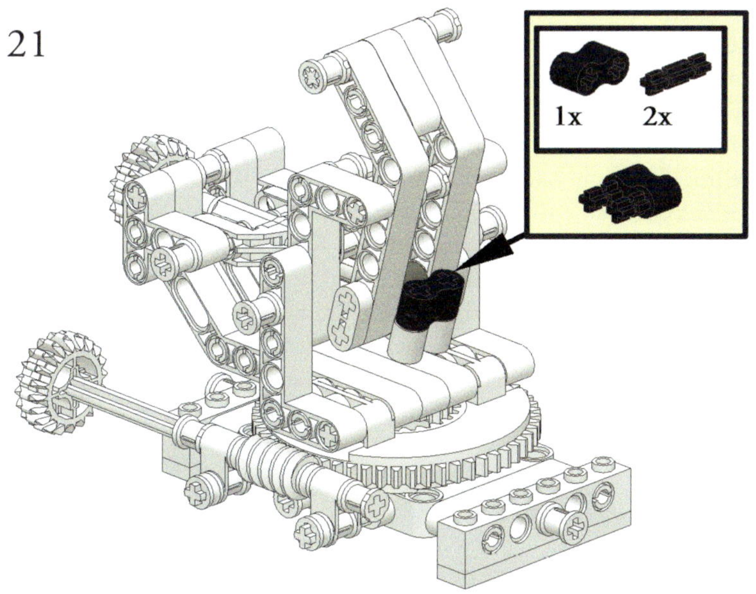

Nun ist der Spiegelhalter zumindest aus mechanischer Sicht fertig gebaut. Probiere die beiden Justagemöglichkeiten mit den Stellschrauben ruhig ein bisschen aus. Ein wenig Übung und Erfahrung bei der Handhabung wird dir später beim Einjustieren helfen.

Alle Optiken (Film, Spiegel, Strahlteiler, ...) sollten seitlich an den Kanten gehalten werden, um die Oberflächen nicht zu beschmutzen.
Vorsicht: Schnittgefahr!

Im letzten Schritt des Spiegelhalters musst du nur noch den Spiegel einsetzen. Hierzu klemmst du den Spiegel zwischen den Kipp-Arm und den Gummistein. Beachte, dass der Spiegel eine ausgezeichnete Vorderseite aufweist. Es handelt sich um eine Glasplatte mit Oberflächenbeschichtung (hier: metallisch), die du daran erkennst, dass sie mit einer Schutzfolie (hier: blau) geschützt ist. Diese Folie muss vor dem Einbau entfernt werden. Sollte das nicht der Fall sein, ist der Unterschied zwischen Vorder- und Rückseite gut mit dem Auge zu erkennen (vgl. Abbildung 30). Der Rand des Spiegels unterscheidet sich deutlich, so dass du die kratzempfindliche, spiegelnde Vorderseite immer gut finden kannst. Der Spiegel muss so eingebaut werden, dass der Laserstrahl auf die Vorderseite trifft.

Abbildung 30:
Fotos des Vorderflächenspiegels von der Rückseite (links) und Vorderseite (rechts). Sehr deutlich sind Vorder- und Rückseiten am Glasrand unterscheidbar.

Jetzt habe ich noch ein Bild vom fertig aufgebauten Spiegelhalter für dich. Wenn du den Schlupf in der Mechanik reduzieren möchtest, kannst du noch drei Gummiringe an den gezeigten stellen spannen (hier die weißen Gummiringe). Den Unterschied wirst du deutlich merken!

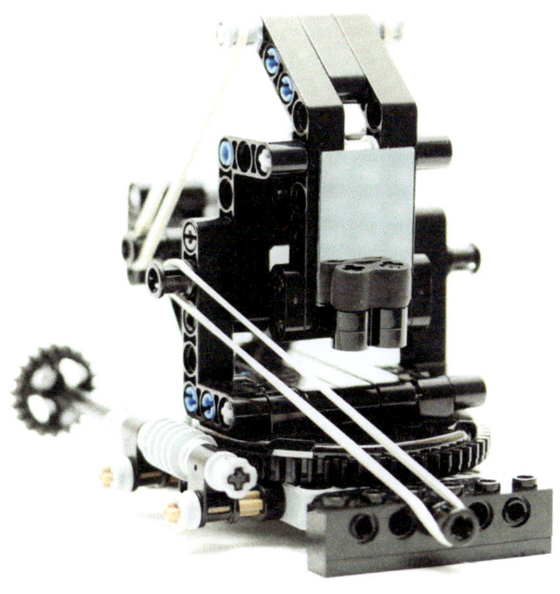

Abbildung 31:
Fertiger Spiegelhalter aus LEGO®-Bausteinen mit eingebautem Vorderflächenspiegel und Gummiringen

Der Spiegelhalter hat zwei Zahnräder für die Winkeleinstellung. Das untere Zahnrad ist für die Drehfunktion und das obere für die Kippfunktion zuständig. Dabei gilt an der Spiegeloberfläche für Laserstrahlen die bekannte Regel 'Einfallswinkel gleich Ausfallswinkel' (s.u.). Somit kannst du durch Drehen der beiden Zahnräder den Einfallswinkel am Spiegel und damit die Richtung des reflektierten Laserstrahls präzise beeinflussen.

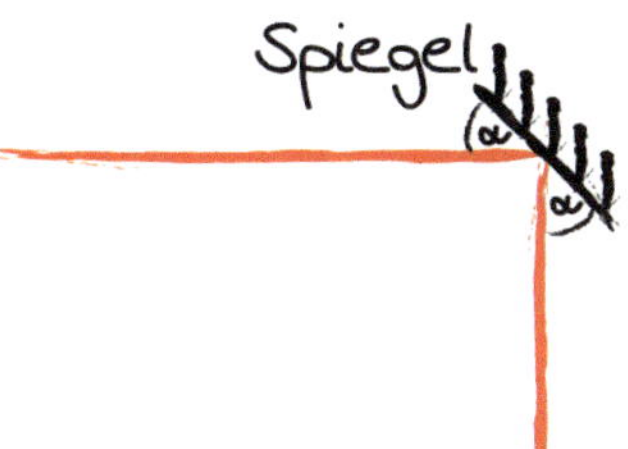

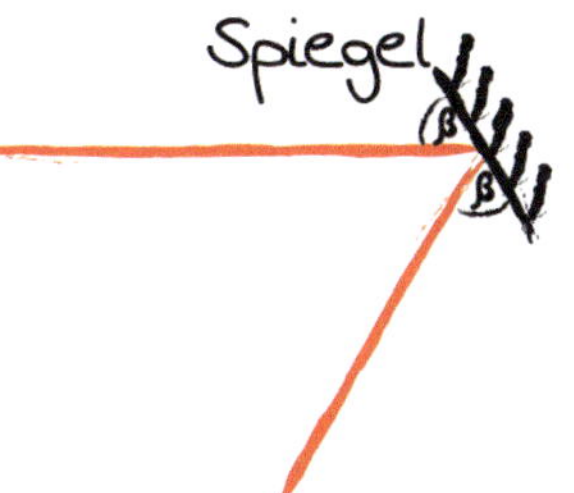

Abbildung 32:
Schemaskizze zur Reflexion an einem Spiegel

Wenn du auch den zweiten Spiegelhalter aufgebaut hast, kannst du direkt weitermachen mit dem Aufbau des Strahlteilerhalters.

Laser-Hack 12: Strahlteilerhalter bauen

Abbildung 33:
Strahlteilerhalter aus LEGO®-Bausteinen

Ein Strahlteiler dient dazu – wie der Name schon sagt – einen Strahl zu teilen. In diesem Aufbau soll der Laserstrahl so aufgeteilt werden, dass die aufgeteilten Laserstrahlen im rechten Winkel (90°) zueinander verlaufen und dabei möglichst gleiche Intensitäten aufweisen. Man spricht dann von einem 50:50 Strahlteiler.

> Du kannst alternativ auch einen Strahlteilerwürfel verwenden und hierzu den Halter anpassen. Achte aber darauf, dass der Würfel sich fest in einem Halter befindet und er in der richtigen Orientierung steht.

Strahlteiler gibt es entweder als Strahlteilerwürfel oder als Strahlteilerplatten, wie ich sie hier verwende. Bei der Strahlteilerplatte handelt es sich um eine Glasplatte, auf der auf einer Seite eine dünne, reflektierende Schicht aufgebracht wurde. Die Schicht kannst du mit dem Auge erkennen, wenn du die Platte ins Licht drehst.

Die Bauweise der Strahlteilerplatte sieht vor, dass diese in einem Winkel von 45° zum einfallenden Laserstrahl eingesetzt wird. Da der Laserhalter bereits um 45° gegenüber den LEGO®-Noppen verdreht ist, muss der Strahlteilerhalter so konstruiert werden, dass die Strahlteilerplatte stehend und parallel zum LEGO®-Raster ausgerichtet ist.

Für den Strahlteilerhalter benötigst du die folgenden LEGO®-Bausteine. Mit dem Aufbau kannst du dann direkt beginnen.

Strahlteilerhalter bauen

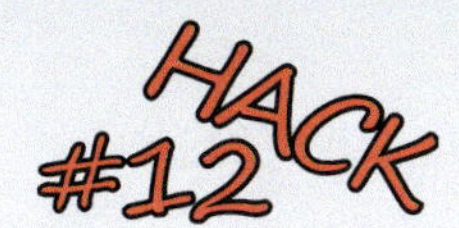

Anzahl	Artikelname	Art.-Nr.	Farbe
3	Brick 2 x 4	3001	Black
1	Plate 1 x 2	3023	Black
4	Plate 1 x 3 with 2 Studs	34103	Black
1	Plate 2 x 2	3022	Black
1	Plate 2 x 6	3795	Dark Bluish Gray
2	Technic Axle Joiner Double Flexible	45590	Black
4	Technic Axle Pin	43093	Blue
2	Technic Liftarm 5	32316	Black

Als Strahlteiler wird ein teildurchlässiger Vorderflächen-Glasspiegel (Art.-Nr.: 511.TFG) verwendet, die ich bei Edunikum gekauft habe.

1

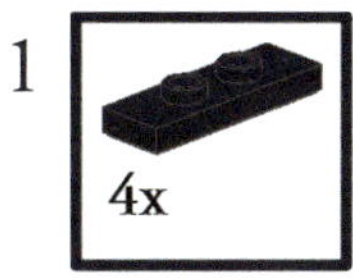

2

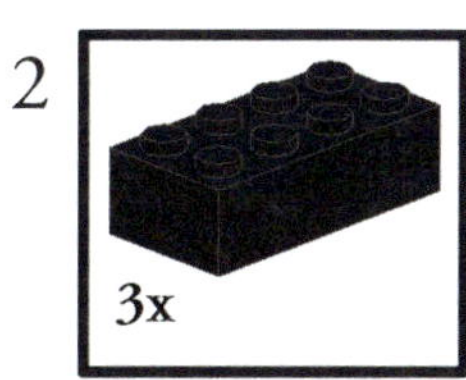

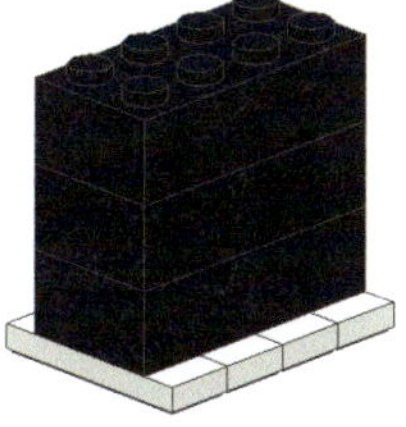

3

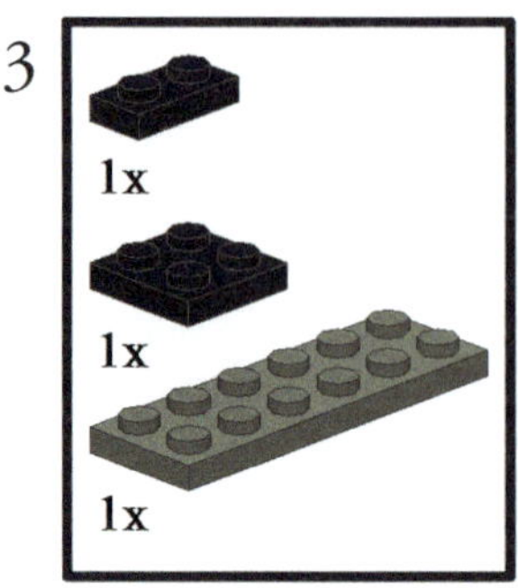

4

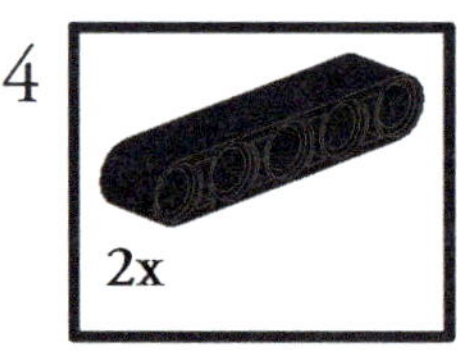

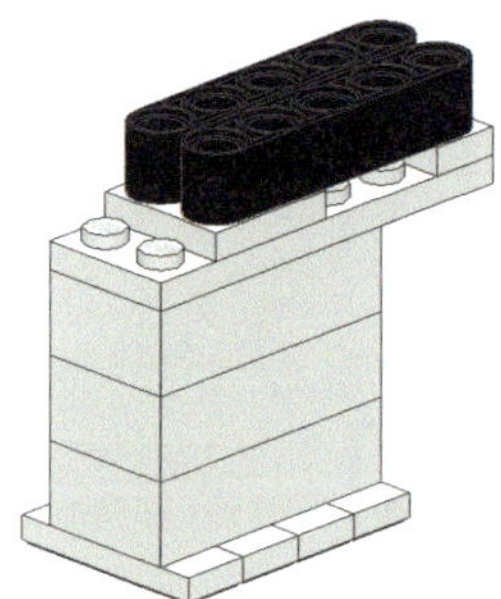

5

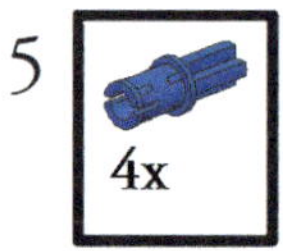

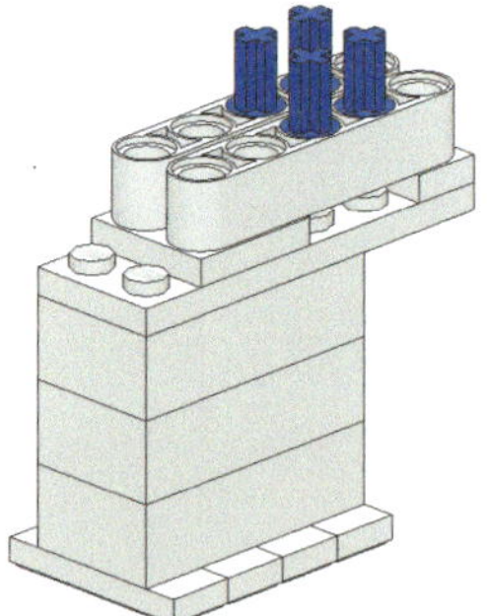

6 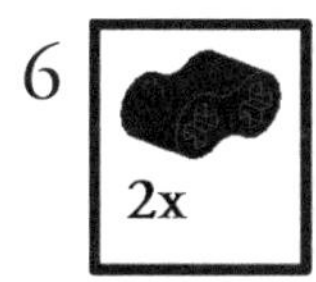

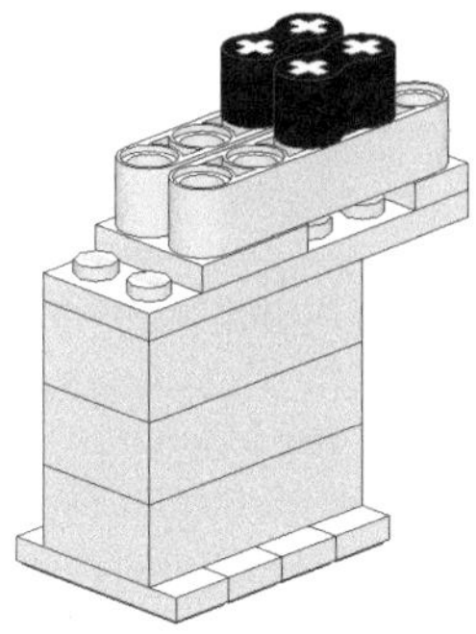

In Abbildung 34 wird gezeigt, wie man den Strahlteiler in die Halterung klemmt. Die Platte sollte senkrecht zur Bodenplatte stehen. Außerdem sollte die Platte so eingebaut werden, dass der Laserstrahl auf die reflektierende Schicht der Platte trifft. Dadurch können störende Effekte durch Mehrfachreflexionen in der Glasplatte etwas reduziert werden. Die Schicht kannst du ähnlich wie beim Spiegel am Rand der Glasplatte erkennen. Baue die Platte so ein, dass diese Schicht wie auf dem Foto gezeigt nach links zeigt.

Vorsicht Schnittgefahr! Die Glaskanten können scharf sein.

Abbildung 34:
Strahlteilerhalter aus LEGO®-Bausteinen inkl. Strahlteilerplatte

Laser-Hack 13: Filmhalter anpassen

In diesem Laser-Hack wird der Filmhalter aus Laser-Hack 5 des ersten Experiments an die neue Strahlhöhe angepasst. Dadurch wird der Film stabiler in seiner Position gehalten und er kann im Halter in der Höhe leicht verschoben werden. Diese Funktion erlaubt dir das Aufzeichnen mehrerer Beugungsgitter in einem einzigen Film. So kannst du den Film für jede neue Aufnahme einfach etwas nach oben schieben und es ist nicht ganz so schlimm, wenn ein Versuch bspw. durch Verwackeln gescheitert ist.

Für den Aufbau der zwei Sockel benötigst du folgende LEGO®-Bausteine. Die Bauanleitung musst du zwei mal durchführen:

Anzahl	Artikelname	Art.-Nr.	Farbe
4	Brick 2 x 2	3003	Black
2	Plate 2 x 2	3022	Dark Bluish Gray

1

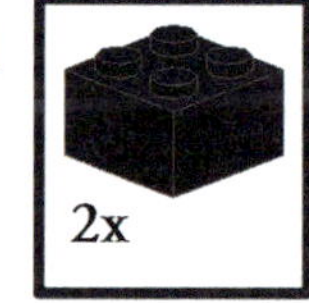

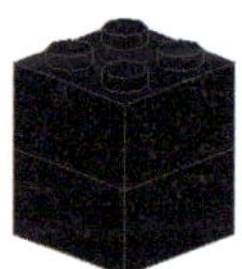

2

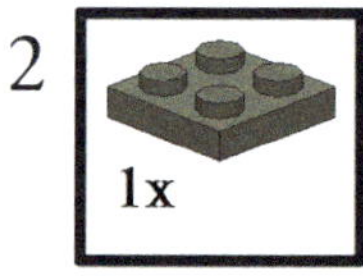

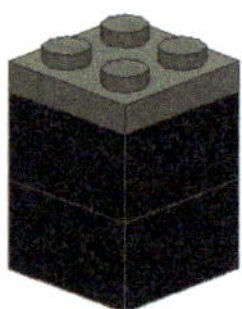

Abbildung 35 zeigt dir den angepassten Filmhalter auf den Sockeln. Außerdem habe ich die Glasplatte eingesetzt, so dass du erkennen kannst, dass der Film bei deinen Experimenten nicht zwangsweise auf dem Breadboard stehen muss, sondern auch »frei schwebend« eingebaut werden kann.

Abbildung 35:
Filmhalter mit Sockel aus LEGO®-Bausteinen inkl. Glasplatte

Laser-Hack 14: Justierhilfe bauen

Abbildung 36: *Justierhilfe aus LEGO®-Bausteinen*

Bei der Justage ist es sehr wichtig, dass sich die beiden Laserstrahlen so exakt wie möglich im holografischen Film überlagern. Um dir diesen schwierigen und anspruchsvollen Schritt einfacher zu gestalten, habe ich eine Justierhilfe entworfen. Die Komponente habe ich so entwickelt, dass die Laserstrahlen auf eine weiße LEGO® 1x1 Tile Round justiert werden müssen, die an die Position des Films gestellt werden kann.

Der Aufbau der Justierhilfe ist schnell geschafft. Du benötigst hiefür die folgenden LEGO®-Bausteine:

Anzahl	Artikelname	Art.-Nr.	Farbe
1	Brick 1 x 1 with Headlight	4070	Dark Bluish Gray
6	Brick 1 x 3	3622	Black
2	Slope 30 1 x 1 x 2/3	54200	Dark Bluish Gray
1	Tile 1 x 1 Round	98138	White

1
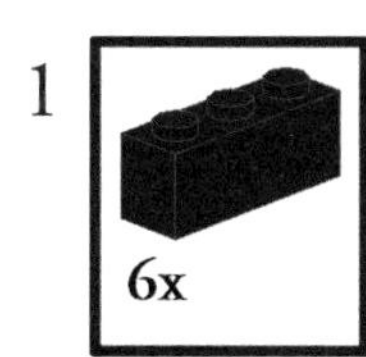

2
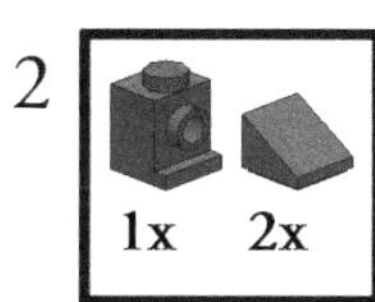

3
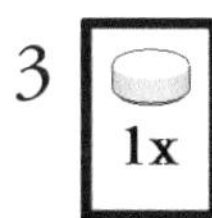

Der Beobachtungsschirm ist identisch mit dem aus dem Interferometer-Buch.

Laser-Hack 15: Beobachtungsschirm bauen

Abbildung 37:
Beobachtungsschirm aus LEGO®-Bausteinen

Zur Beobachtung der sich kreuzenden Strahlen benötigst du einen Schirm. Für einen guten Kontrast sollte er eine weiße Fläche aufweisen, stabil auf dem Boden stehen und am Strahlengang ausgerichtet werden können.

Ich habe einen Beobachtungsschirm aus weißen LEGO®-Bausteinen konstruiert, welcher einen stabilen Fuß und eine mittige Markierung besitzt. Zusätzlich ist er in der Höhe an den Strahlengang des Aufbaus angepasst.

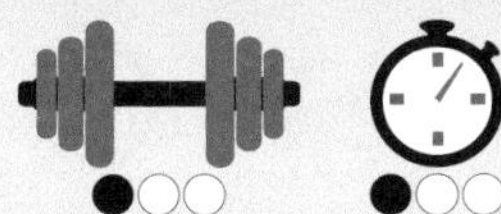

Mit den folgenden LEGO®-Bausteinen und der Aufbauanleitung kannst du den Schirm nachbauen:

Anzahl	Artikelname	Art.-Nr.	Farbe
2	Brick 1 x 4	3010	Black
8	Brick 1 x 10	6111	White
2	Brick 1 x 12	6112	Black
6	Brick 2 x 8	3007	Black
1	Plate 2 x 8	3034	Dark Bluish Gray
2	Plate 6 x 12	3028	Dark Bluish Gray
1	Slope 45 2 x 1 Double	3044	Black

1

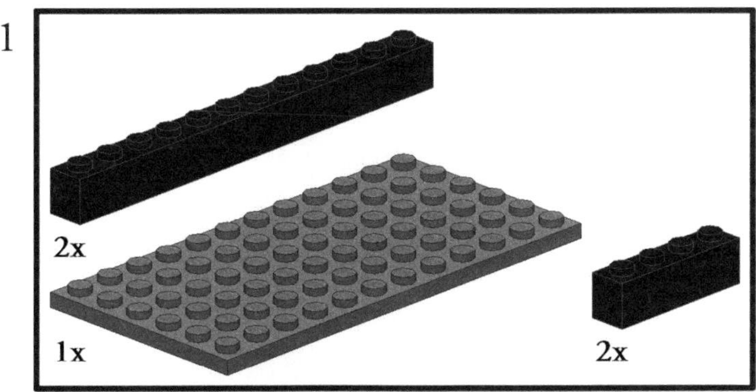

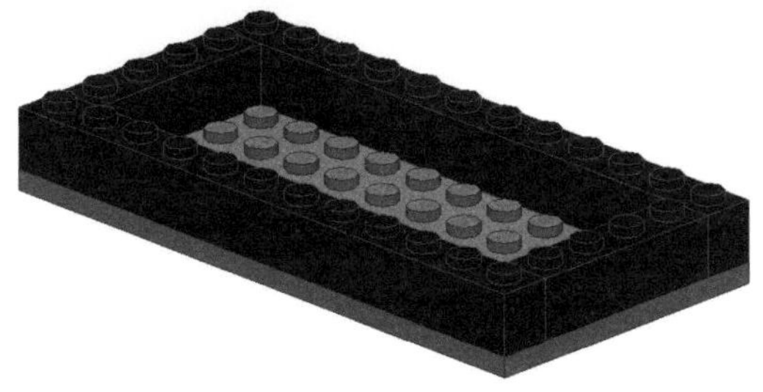

2

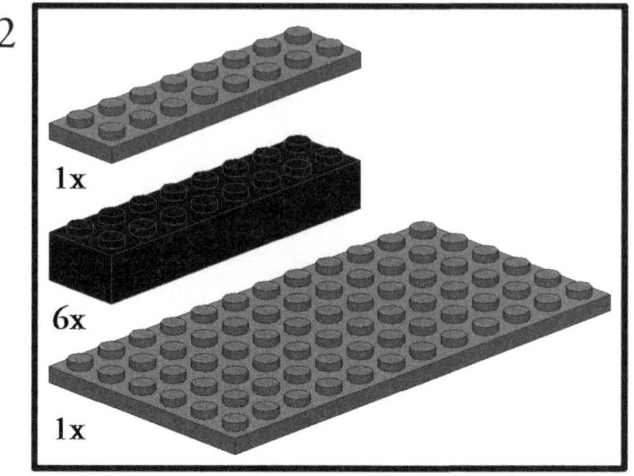

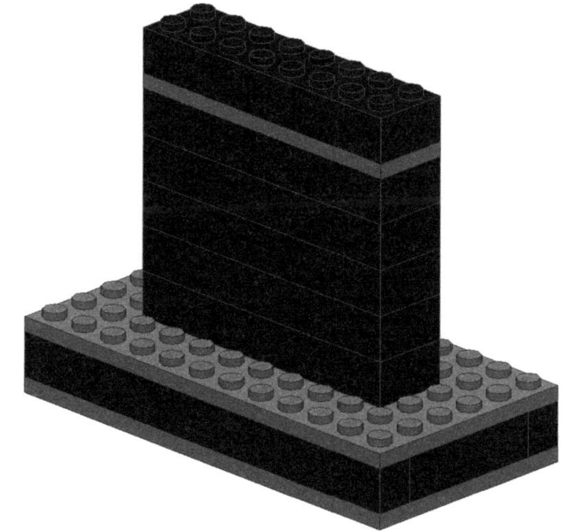

3

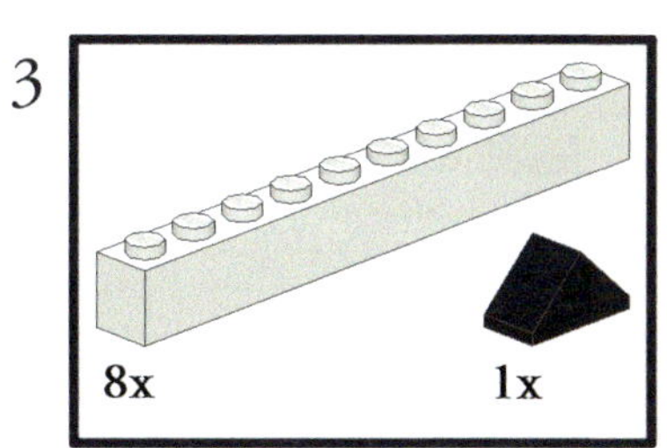

Für eine einfache Positionierung des Beobachtungsschirms habe ich eine Markierung (dreieckiger Baustein) vorgesehen.

Laser-Hack 16: Zwei-Strahl-Interferometer aufbauen

In diesem Laser-Hack zeige ich dir Aufbau und Justage des Zwei-Strahl-Interferometers, d.h. des Experiments für das Aufzeichnen holografischer Gitter. Auf deinem Tisch sollten sich dafür das Breadboard und die mechanischen und optomechanischen Komponenten befinden, die du bereits aufgebaut hast (wie auf folgendem Foto zu sehen).

Abbildung 38: *So sollte es auf deinem Tisch aussehen: Alle mechanischen und optomechanischen Komponenten, mit denen du dein Zwei-Strahl-Interferometer für das Aufzeichnen holografischer Gitter aufbauen kannst.*

Die Justage des Interferometers führe ich am liebsten entlang der folgenden sechs Schritte durch. Beim ersten Aufbau ist es sinnvoll, wenn du dich möglichst eng an diese Anleitung hälst und Schritt für Schritt vorgehst – dann wirst du sehen, wie einfach es ist.

Bevor du mit dem Aufbauen beginnst, muss erneut etwas Vorbereitungsarbeit geleistet werden. Hierbei gelten bezüglich der Wahl der Umgebung und der Schutzvorkehrungen die gleichen Bedingungen wie bei der Aufnahme eines Hologrammms. Zusätzlich zu den aufgebauten Komponenten benötigst du noch folgende Teile:

Anzahl	Artikelname	Art.-Nr.	Bezugsquelle
1	Philips AccentColor 1W LED		qualitaetsware24.de
1	Schaumstoff (50 x 50 x 2 cm³)	Noppe505020	schaumstofflager.de
1	Einweghandschuhe Größe: 8	801225853	Conrad.de

Schritt 1: Lege das Breadboard mit der kurzen Seite zu dir gerichtet auf einen festen Untergrund. Positioniere den Halter mit Laserdiode (ausgeschaltet!) genau so, wie auf dem Foto gezeigt. Die rot markierten Punkte sollen dir bei der Positionierung helfen.

Abbildung 39:
Schritt 1 der Justageanleitung für das Aufzeichnen holografischer Gitter: Positionierung der Laserhalterung

Schritt 2: Positioniere die beiden Spiegelhalter auf dem Breadboard, wie auf dem Foto gezeigt. Achte darauf, dass die beiden Spiegel in einem ähnlichen Winkel zueinander stehen wie es hier zu sehen ist. Dazu drehst du an den horizontalen Verstellschrauben. Beide Spiegelhalter müssen fest auf dem Breadboard sitzen.

Abbildung 40:
Schritt 2 der Justageanleitung für das Aufzeichnen holografischer Gitter: Aufbau der beiden Spiegelhalter

Schritt 3: Positioniere nun den Filmhalter ohne Film und die Justierhilfe auf dem Breadboard. Stelle außerdem den Beobachtungsschirm mittig direkt hinter die Justierhilfe. Dieser wird dir im Folgenden bei der Justage helfen.

Abbildung 41:
Schritt 3 der Justageanleitung für das Aufzeichnen holografischer Gitter: Aufbau des Filmhalters, der Justierhilfe und des Schirms

Schritt 4: Nun hast du schon fast alle Komponenten für das Experiment auf dem Breadboard. Wenn du gleich den Laser einschaltest, wird sein Strahl vom linken Spiegel reflektiert und möglicherweise am Beobachtungsschirm vorbei strahlen. Achte deshalb darauf, dass sich hinter dem Schirm keine anderen Personen oder reflektierende Gegenstände befinden. Ich arbeite dazu vor einer weißen Zimmerwand, die mir auch hilft, den Strahlenverlauf schnell ausfindig zu machen.

Abbildung 42:
Schritt 4 der Justageanleitung für das Aufzeichnen holografischer Gitter: Justage des ersten Spiegelhalters

Schalte den Laser nun ein und verfolge den Strahlengang genau. Der Laserstrahl sollte den Spiegel des linken Spiegelhalters mittig treffen. Du kannst das am besten mit einem Stück weißen Papier überprüfen, das du über die Spiegelfläche in den Strahlengang schiebst. Wenn der Laserstrahl nicht mittig auf den Spiegel trifft musst du die Position der Komponenten überprüfen oder die Halterung des Lasers.

Denk daran:
Nicht in den Laser schauen!

Wenn alles richtig aufgebaut ist und du einen Überblick über den Verlauf des reflektierten Stahls hast, kannst du mit dem Justieren beginnen. Ziel ist es, mithilfe des Spiegelhalters S1 den reflektierten Strahl mittig auf die Justierhilfe zu positionieren. Hierzu kannst du beide Justierschrauben des Spiegelhalters benutzen. Die unten gezeigte Skizze zeigt dir schematisch den richtigen Strahlenverlauf an.

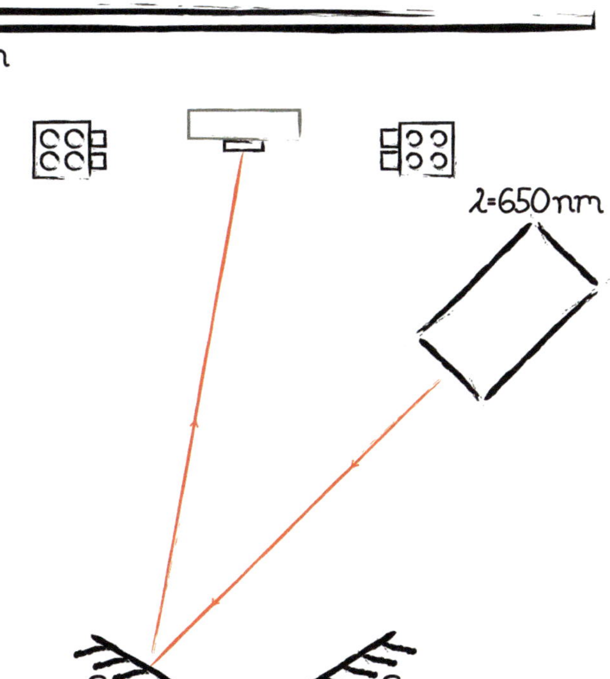

Abbildung 43:
Schemaskizze zum Strahlverlauf: Der Laserstrahl trifft mittig auf den Spiegel S1 und wird von dort auf die Justierhilfe reflektiert, die mittig getroffen wird.

Schritt 5: Schalte den Laser wieder aus und positioniere den Strahlteilerhalter mit Strahlteiler wie auf dem Foto zu sehen zwischen die beiden Spiegelhalter.

Abbildung 44:
Schritt 5 der Justageanleitung für das Aufzeichnen holografischer Gitter: Positionierung des Strahlteilers im Strahlengang und Justage des Spiegelhalters S2

Wenn du nun den Laser wieder einschaltest, werden vom Strahlteiler zwei Teilstrahlen mit je halber Intensität ausgehen und mittig auf den linken und rechten Spiegel einfallen. Der schon einjustierte Strahl verändert durch den Einbau seinen Verlauf kaum und wird weiter die Justierhilfe mittig treffen. Spiegelhalter S1 solltest du daher nicht verändern. Justiere nun den rechten Spiegelhalter (S2) so ein, dass der reflektierte Strahl ebenfalls mittig auf die Justierhilfe fällt. Ziel ist es, dass beide Strahlen möglichst deckungsgleich übereinander liegen. Falls erforderlich, kannst du ergänzend mit dem Spiegelhalter S1 feinjustieren.

Die unten gezeigte Skizze zeigt dir schematisch den richtigen Strahlenverlauf.

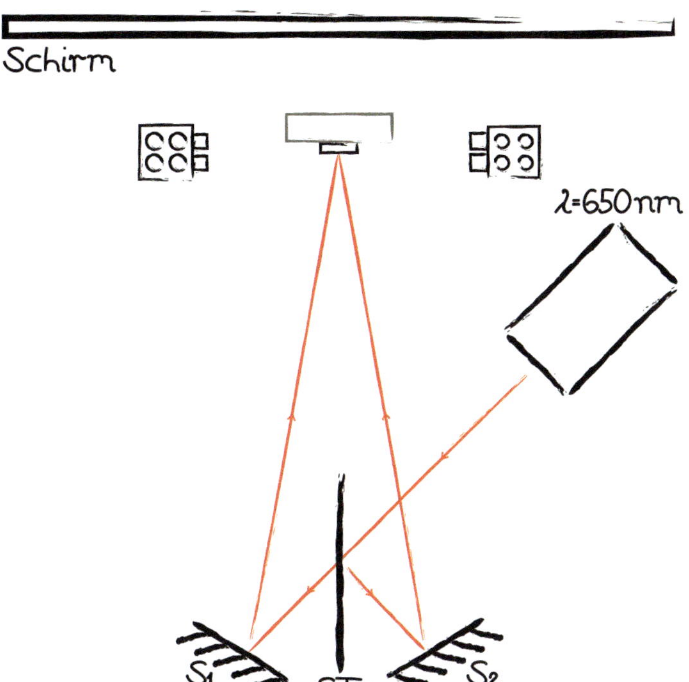

Abbildung 45:
Schemaskizze zum Strahlverlauf: Der Spiegelhalter S2 muss so eingestellt sein, dass sich die beiden Teilsrahlen auf der Justierhilfe überlagern.

Jetzt hast du den Aufbau erfolgreich einjustiert. Ab diesen Zeitpunkt musst du sehr vorsichtig arbeiten, damit sich die Strahlen nicht mehr dejustieren.

Dieses ist ein besonderer Moment in einem Interferometer. Der kohärente Laserstrahl durchläuft nach der Trennung durch den Strahlteiler nun zwei unterschiedliche Wege und wird über die Spiegelhalter S1 und S2 wieder auf der Justierhilfe zusammengeführt. Die Folge: **Interferenz!**

Die Überlagerung von Wellen führt zum physikalischen Phänomen der Interferenz.

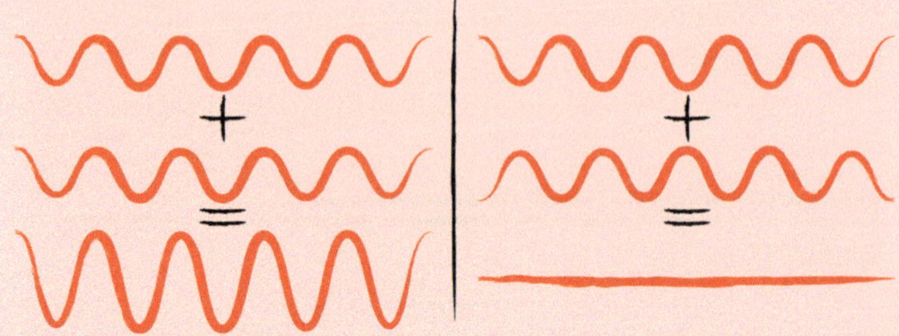

Dabei sind die beiden Extremfälle der Überlagerung von besonderer Bedeutung: Konstruktive und destruktive Interferenz. Bei der konstruktiven Interferenz (schematisch links dargestellt) schwingen die beiden überlagerten Wellenzüge phasengleich (Wellenberg auf Wellenberg), so dass sich die Gesamtamplitude der Lichtwelle vergrößert. Im Falle der destruktiven Interferenz (schematisch rechts) verlaufen beide Wellenzüge gegenphasig (Wellenberg auf Wellental), so dass sich die Amplituden der beiden Wellen gegenseitig auslöschen. Um Interferenz verstehen zu können, musst du dir Licht also als eine Welle vorstellen.

Neben der Überlagerung ist eine weitere Voraussetzung für Interferenz die Kohärenz. Lichtwellen bezeichnet man als kohärent, wenn eine Phasenbeziehung zwischen ihnen besteht.

Für weitere Infos z.B. Halliday (2018)

Schritt 6: Entferne nun behutsam die Justierhilfe und du wirst beide Laserstrahlen auf dem Schirm sehen können. Schiebe den Schirm ein paar Zentimeter nach hinten bis du die beiden Strahlen gut getrennt voneinander erkennen kannst.

Abbildung 46:
Schritt 6 der Justageanleitung für das Aufzeichnen holografischer Gitter: Entfernung der Justierhilfe

Die unten gezeigte Skizze zeigt dir schematisch den Strahlenverlauf, den du jetzt einjustiert hast.

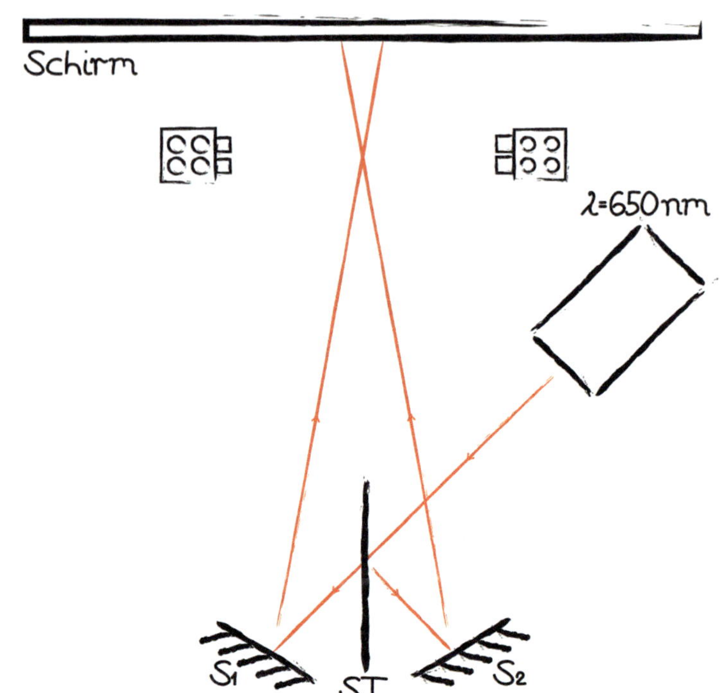

Abbildung 47:
Schemaskizze zum Strahlverlauf: Die beiden Teilstrahlen kreuzen sich mittig zwischen den Filmhaltern.

Wenn du nun die beiden Strahlen nacheinander blockst, wirst du auf dem Schirm beim unberührten Strahl keinen Unterschied zu vorher merken, denn Lichtstrahlen können sich ohne Beeinflussung kreuzen.

Lediglich im Überlagerungsbereich auf Höhe der Filmhalter kommt es zu dem interessanten Phänomen der Interferenz. Dieses tritt nur auf, wenn keiner der Strahlen blockiert wird. Bei einer stark vergrößerten Betrachtung dieses Punktes können Stellen mit konstruktiver und destruktiver Interferenz ausgemacht werden.

Lichtwellen lassen sich schematisch als parallele Striche senkrecht zur Ausbreitungsrichtung darstellen. Die Striche kennzeichnen dabei die Ebenen gleicher Phase, oder einfacher die Lage der Wellenberge.

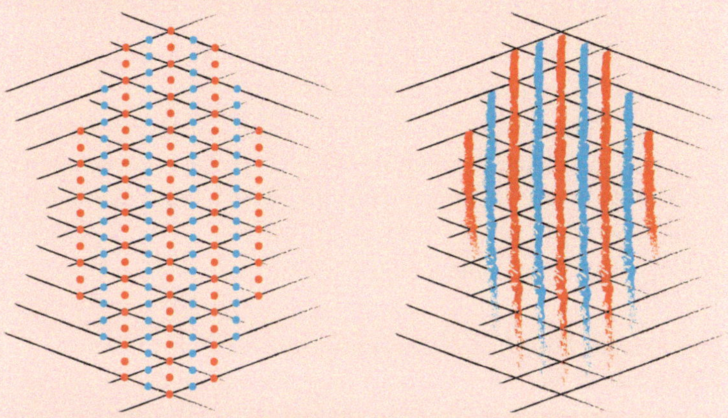

Die linke Abbildung zeigt den Fall der Überlagerung der zwei Laserwellen in meinem Experiment. An Stellen, an denen sich zwei Wellenberge oder zwei Wellentäler kreuzen, treffen die Lichtwellen phasengleich aufeinander und es kommt zur konstruktiven Interferenz (Addition der Amplitude). Diese Stellen sind in den Skizzen durch rote Punkte dargestellt. An den Stellen, an denen Wellenberge auf Wellentäler treffen, kommt es zur destruktiven Interferenz (Auslöschung), welche durch blaue Punkte markiert sind.

Für die Zwischenräume dieser Extremfälle können ebenfalls Fälle mit gleicher oder entgegengesetzer Phase gefunden werden, sodass sich durchlaufende Striche (rechte Abbildung) ergeben.

Zusammengefasst ensteht im Überlagerungsbereich der beiden Laserstrahlen ein Lichtmuster aus parallelen Lichtstreifen. Der Linienabstand von diesem Lichtinterferenzmuster befindet sich in der Größenordnung der Lichtwellenlänge und beträgt typischerweise nur wenige Mikrometer.

Wusstest du, dass du das entstehende Interferenzmuster sichtbar machen kannst? Hierzu empfehle ich dir einen Blick in den Next-Level-Laser-Hack 19.

Laser-Hack 17: Holografisches Gitter aufzeichnen

Der Aufbau ist nun fertig für das Aufzeichnen eines holografischen Gitters. Die experimentelle Abfolge ist sehr ähnlich zu dem Aufzeichnen des Bildhologramms aus Laser-Hack 7:

- Stelle den gesamten Aufbau vorsichtig auf den Schaumstoff. Mit der weißen Karte kannst du prüfen, ob sich dabei die Überlagerung der beiden Strahlen verstellt hat.
- Lege die Filmbox und eine Stoppuhr bereit, schalte den Laser aus und verdunkele den Raum. Für eine geringe Hintergrundbeleuchtung kannst du wieder die empfohlene Lampe verwenden (vgl. Laser-Hack 6).
- Hänge dein Warnschild an die Tür und ziehe die Handschuhe über.
- Nimm eine Filmplatte heraus und stecke sie in den Filmhalter, indem du sie bis unten durchschiebst. Orientiere die Filmplatte so, dass die Seite mit dem lichtempfindlichen Film in Richtung Spiegel zeigt.
- Achte darauf, dass die Spiegelhalter immer noch richtig eingestellt sind. Wenn du dir unsicher bist, baue den Film lieber wieder aus und nimm noch einmal die Justierhilfe zur Hand.

Abbildung 48: *Aufzeichnungsvorgang eines holografischen Gitters: Beide Laserstrahlen überlagern sich in der Filmebene.*

- Lass den Aufbau für ca. eine Minute ruhen, damit sich der Aufbau mechanisch beruhigen kann.
- Starte die Stoppuhr und schalte möglichst gleichzeitig den Laser ein. Verhalte dich für eine Belichtungsdauer von ca. 20 Sekunden möglichst ruhig.

Nun ist dein holografisches Gitter aufgezeichnet und du kannst (ohne das Licht einzuschalten!) direkt überprüfen, ob dein Versuch gelungen ist. Die Funktion des Gitters siehst du besonders gut, wenn du einen der beiden Laserstrahlen auf dem Weg zwischen Strahlteiler und Film mit der Hand oder einem Stück Papier blockierst. Beobachte dabei die beiden Laserpunkte auf den Beobachtungsschirm.

Beeindruckend nicht wahr?

Wie auf dem Foto unten gezeigt wirst du bemerken, dass stets beide Strahlen auf dem Schirm als Punkte zu sehen sind, obwohl du einen der beiden Laserstrahlen blockierst. Der blockierte Strahl wird vermutlich etwas schwächer auf dem Schirm erscheinen. Warum das so ist, erkläre ich dir auf der kommenden Seite.

Erst wenn beide Strahlen gleichzeitig geblockt werden, verschwinden die Punkte auf dem Schirm.

Dieser Laser ist nicht aufgeweitet, sodass er trotz der geringen Gesamtleistung eine hohe Intensität aufweist. Dadurch kann das holografische Gitter in nur 20 Sekunden aufgezeichnet werden.

Wenn du mit der Rekonstruktion deines geblockten Strahls unzufrieden bist (nicht sichtbar bzw. kaum erkennbar), kannst du einfach einen weiteren Versuch machen, ohne einen neuen Film zu verwenden. Verschiebe dazu den Film vertikal im Filmhalter um ca. 5 mm und starte einen neuen Versuch. Schalte dabei nicht das Raumlicht ein!

Abbildung 49:
Funktion des holografischen Gitters: Beide Laserstrahlen sind auf dem Beobachtungsschirm als Punkte erkennbar, obwohl einer der beiden Strahlen blockiert wurde.

Abbildung 50: *Schemaskizze der Rekonstruktion eines Teilstrahls an einem holografischen Gitter*

In Laser-Hack 18 findest du mehr Informationen zu Beugung, Gitterkonstante und Beugungswinkel.

Herzlichen Glückwunsch! Du hast nun erfolgreich ein holografisches Gitter aufgezeichnet. Durch das Blockieren von einem der beiden Laserstrahlen, wird der verbleibende Laserstrahl an dem Gitter gebeugt, wie die Skizze oben schematisch zeigt. Das holografische Verfahren stellt dabei sicher, dass der Linienabstand deines Gitters genau so groß ist, dass die Richtung des gebeugten Strahls mit der Richtung des blockierten Strahls übereinstimmt. Hierdurch entsteht die Möglichkeit, den blockierten Strahl zu erzeugen, obwohl dieser blockiert ist. In der Terminologie der Holografie gesprochen bedeutet das, dass der blockierte Strahl die Objektwelle darstellt und durch das Hologramm aufgezeichnet wurde. Der verbleibende Strahl ist dann die Referenzwelle, die die Objektwelle rekonstruiert.

In Laser-Hack 20 zeige ich dir, wie du den Beugungswirkungsgrad bestimmen kannst.

Wenn du genau hinschaust, fällt dir sicher auf, dass der gebeugte, rekonstruierte Strahl schwächer als die transmittierte Referenzwelle-ist. Physiker definieren das Verhältnis aus gebeugter zu eingehender Lichtintensität als holografischen Beugungswirkungsgrad. Es handelt sich um das wichtigste physikalische Maß zur Beurteilung der Qualität und Wirkung eines Hologramms. Mit deinem Aufbau aus LEGO®-Bausteinen ist es problemlos möglich, Wirkungsgrade von bis zu 30% zu erreichen. Der Grad wird durch zahlreiche Verlustprozesse (höhere Beugungsordnungen, Absorption, Reflexion oder Streuung) begrenzt.

Wenn du den Eindruck hast, dass dein Wirkungsgrad deutlich geringer ist und der rekonstruierte Objektstrahl nur sehr schwach auf dem Beobachtungsschirm erkennbar ist, kann ein instabiler Aufbau während der Aufnahme der Grund dafür sein. Ändere in diesem Fall etwas an deiner Umgebung.

In einem holografischen Photopolymerfilm befinden sich viele Schreibmonomere und einige Photoinitiatoren, die im unbelichteten Zustand gleichmäßig im Film verteilt sind [vgl. Skizze, links]. Während der Belichtung werden die Photoinitiatoren in den beleuchteten Bereichen durch das Licht in eine chemisch reaktive Spezies umgewandelt. Dadurch wird eine Kettenpolymerisation in Gang gesetzt, sodass sämtliche Monomere zu langen Polymerketten heranwachsen. Dabei wandern auch die Monomere aus den unbelichteten Bereichen durch den Film und reagieren. Die langen Ketten verlieren ihre Möglichkeit, sich durch das Material zu bewegen und der photochemische Prozess stoppt. Das Hologramm ist fertig und benötigt keine weitere chemische Nachentwicklung des Films.

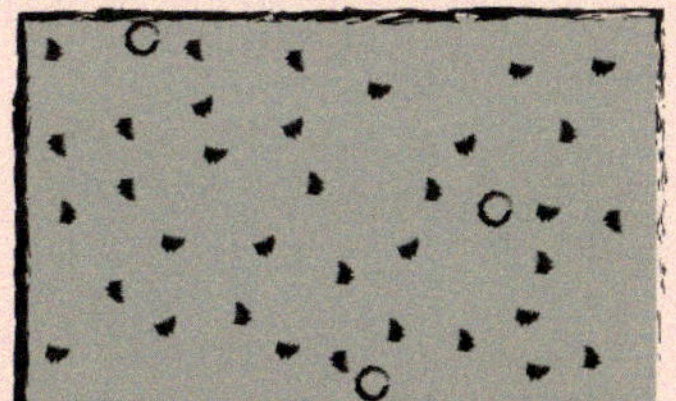

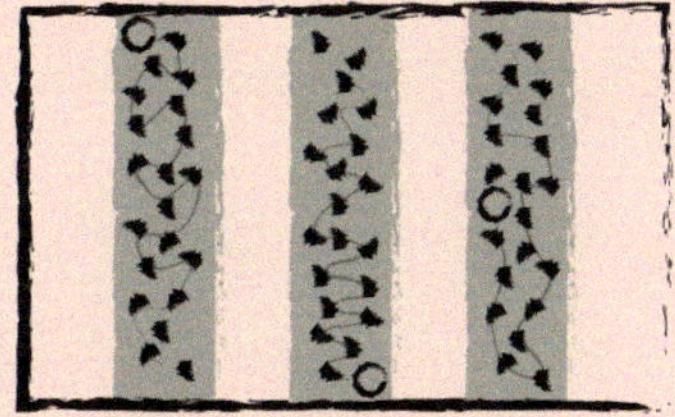

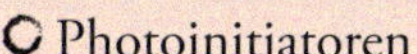

Photoinitiatoren

Schreibmonomere

Da die verketteten Schreibmonomere einen höheren Brechungsindex als das umgebende Material besitzen, kommt es zu einer Erhöhung des Brechungsindexes in den belichteten Bereichen des Films [Skizze, rechts]. Es entsteht eine räumliche Modulation des Brechungsindex, das ein Beugungsgitter darstellt. Bei dieser Art des Gitters handelt es sich um ein sogenanntes Phasengitter.

Für weitere Infos z.B. Lawrence (2001)

Nun bist du schon am Ende des zweiten Kapitels angelangt. In diesem Teil des Buchs hast du gelernt, wie holografische Gitter aufgezeichnet werden. Zusätzlich kannst du nun erläutern, welche physikalischen Phänomene bei der Rekonstruktion an einem holografischen Gitter vorliegen. Hierbei konntest du erkennen, dass bei der Rekonstruktion mindestens einer der Strahlen den Film beleuchten muss und das zugrundeliegende physikalische Phänomen die Lichtbeugung ist.

Nach dem gleichen Prinzip funktioniert die Aufnahme eines Hologramms: Hier überlagern sich in jedem Punkt auf dem Film allerdings sehr viele reflektierte Objektstrahlen mit der Referenzwelle, die jeweils zu einem periodischen Lichtmuster mit unterschiedlicher Gitterkonstante und Richtung führen. Es entsteht hieraus ein sehr komplexes Lichtinterferenzmuster, das vom holografischen Film in ein Hologramm übersetzt wird.

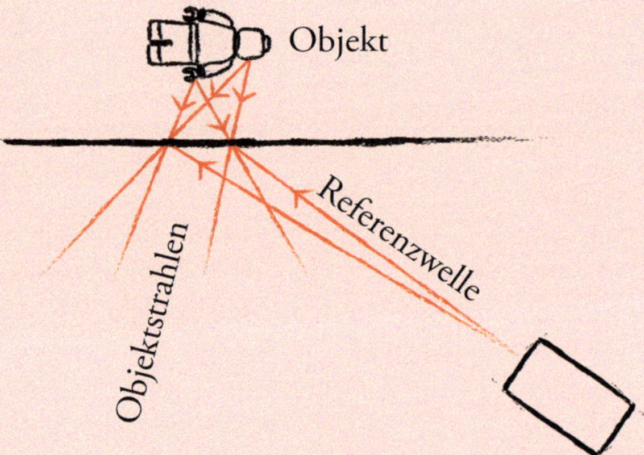

Trotz der Komplexität ändert sich am Rekonstruktionsprozess beim Bildhologramm nichts: Es reicht die Beleuchtung mit der Referenzwelle und alle Objektstrahlen werden durch Beugung rekonstruiert.

Es ist zu erwähnen, dass das holografische Gitter in Transmissions- und das Bildhologramm in Laser-Hack 7 in Reflexionsgeometrie aufgenommen wurde. Die jeweiligen Gegenstücke sind aber ebenfalls möglich, wie Laser-Hack 22 zeigt.

Next-Level-Hologramme

Du hast in diesem Buch bereits zwei verschiedene Experimente zur Aufzeichnung von Hologrammen kennengelernt. Damit hast du dir viele Grundlagen zur Holografie angeeignet und weißt, wie Hologramme aufgezeichnet und rekonstruiert werden. Das soll es aber noch nicht gewesen sein.

Falls du auf Probleme stoßen solltest, die du nicht selber lösen kannst, schreib‘ uns gerne eine Mail und wir werden versuchen dir zu helfen!

In dem dritten Teil des Buchs zeige ich dir weitere tolle Experimente, Techniken und Tricks, die du mit deinen Holografieaufbauten durch einfache Umbauten realisieren kannst. Dabei wirst du noch mehr Details zum Holografieverfahren kennenlernen. Weitere Komponenten werden dazu meist nicht benötigt. Ergänzende Erklärungen und Materialien findest du wie immer auf der Webseite zur Buchreihe. Hol dir so viele Anregungen, wie du möchtest, und experimentiere weiter!

Laser-Hack 18: Gitterkonstante manipulieren

Beim Aufzeichnen holografischer Gitter werden Beugungsgitter mit fester Gitterkonstanten erzeugt. Dabei ergibt sich die Gitterkonstante durch den Aufzeichnungsprozess derart, dass sich automatisch die beiden beteiligten Strahlen gegenseitig rekonstruieren.

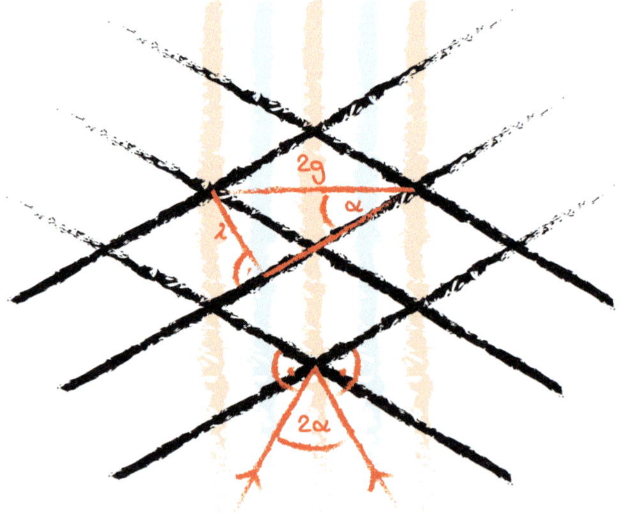

Abbildung 51: *Schemaskizze der Überlagerung von zwei ebenen Wellen mit Angabe der Gitterkonstanten und Schreibwinkel*

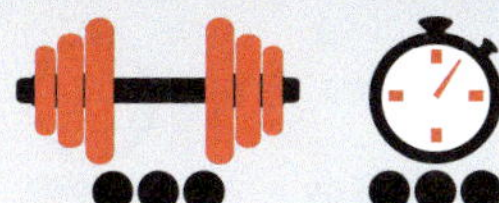

In diesem Laser-Hack zeige ich dir, wie sich aus der Aufzeichnungsgeometrie heraus die Gitterkonstante ergibt und wie diese bestimmt werden kann, bzw. wie du diese verändern kannst. Dafür habe ich die Skizze zur Überlagerung der beiden ebenen Wellen vergrößert dargestellt.

Lichtwellen werden als eben bezeichnet, wenn ihre Phasenfronten unendlich ausgedehnte, ebene Flächen darstellen. Dann ist die Darstellung als periodische, zueinander parallel verlaufende Linienschar möglich.

Die Gitterkonstante g beschreibt den Abstand zwischen den Linien des Gitters. Im Fall des holografischen Films kann dies der Abstand zwischen zwei Bereichen sein, in denen der Brechungsindex maximal geändert wurde. Diese Bereiche sind ebenfalls identisch mit den Intensitätsmaxima des Lichtinterferenzmusters, sodass die Gitterkonstante auch ein Maß für den Abstand zwischen den Lichtstreifen ist und den gleichen Wert aufweist.

Mithilfe der Skizze kann eine Formel für die Gitterkonstante hergeleitet werden. Dafür wird das rot markierte rechtwinklige Dreieck in Abbildung 51 betrachtet. Du kannst ablesen, dass die Hypothenuse der doppelten Gitterkonstante, also 2g, entspricht. Die Gegenkathete ist durch die Wellenlänge λ gegeben, wie aus dem Abstand zwischen zwei parallelen schwarzen Strichen ersichtlich.

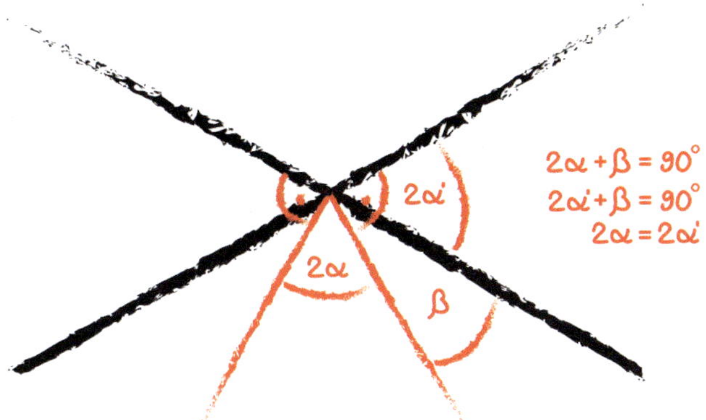

Abbildung 52:
Schematische Skizze zum Zusammenhang zwischen dem Winkel α und dem Schreibwinkel 2α im Kreuzungspunkt zweier Wellenfronten

Der markierte Winkel α ist dabei genau halb so groß wie der Schreibwinkel (2α), den die beiden Teilstrahlen aufspannen. Diese Gesetzmäßigkeit kannst du an der oben dargestellten Skizze unter Berücksichtigung des Hilfswinkels β und Scheitel- bzw. Stufenwinkel nachvollzogen werden. Beachte, dass die Wellenberge senkrecht zur Ausbreitungsrichtung stehen.

Bragg-Gleichung:
$2g \cdot \sin(\alpha) = n \cdot \lambda$

g: Gitterkonstante
α: Bragg-Winkel
n: Beugungsordnung
λ: Wellenlänge

Nach Anwendung des Sinus im rechtwinkligen Dreieck ergibt sich:

$$\sin(\alpha) = \frac{\lambda}{2g}$$

Und durch Umstellung erhälst du:

$$2g \cdot \sin(\alpha) = 1 \cdot \lambda$$

Diese Formel entspricht der sogenannten Bragg-Gleichung für den Fall der ersten Beugungsordnung (n = 1). Sie spiegelt den Zusammenhang von Gitterkonstante, Wellenlänge, Schreib- bzw. Bragg-Winkel und Beugungsordnung beim Schreiben und Auslesen holografischer Gitter wider.

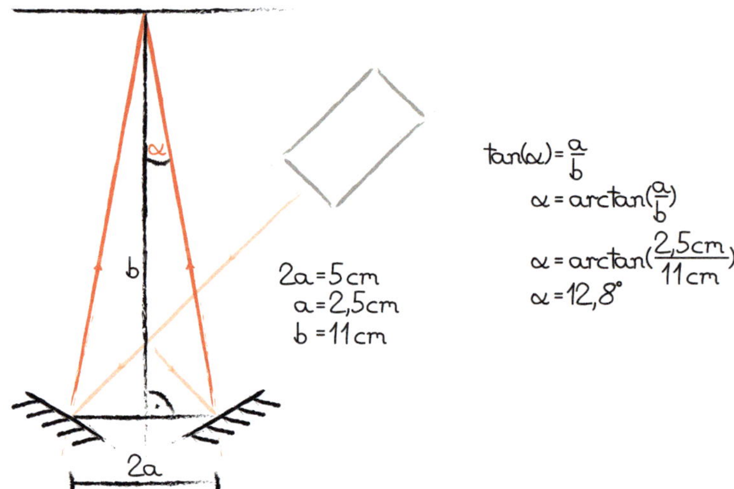

Abbildung 53:
Schematische Skizze zur Bestimmung des Schreibwinkels

Um die Gitterkonstante g bestimmen zu können benötigen wir zusätzlich noch den Schreibwinkel 2α. Dieser muss aus dem Holografieaufbau experimentell bestimmt werden, in dem du die beiden Strecken a und b mit einem Lineal abmisst. Für den Aufbau des holografischen Gitters ergibt sich ein Schreibwinkel von etwa 2α = 25,6° und die Gitterkonstante bestimmt sich zu:

$$g = \frac{1 \cdot \lambda}{2 \cdot \sin(\alpha)}$$

$$g = 1{,}5\ \mu m$$

Du wirst sicher bemerkt haben, dass du neben dem rekonstruierten Strahl, welcher der 1. Beugungsordnung entspricht, noch weitere Beugungserscheinungen sehen kannst. Diese sind auf dem Beobachtungsschirm erkennbar, wenn du den Abstand des Schirms zum Hologramm möglichst gering wählst und das Raumlicht abdunkelst. Die zugehörigen Winkel zu diesen sogenannten höheren Beugungsordnungen lassen sich ebenfalls mithilfe der Bragg-Gleichung bestimmen. Dazu wählst du n = 1, 2, 3, … und betrachtest den Winkel α zum Lot des Films, wie in der Skizze unten gezeigt.

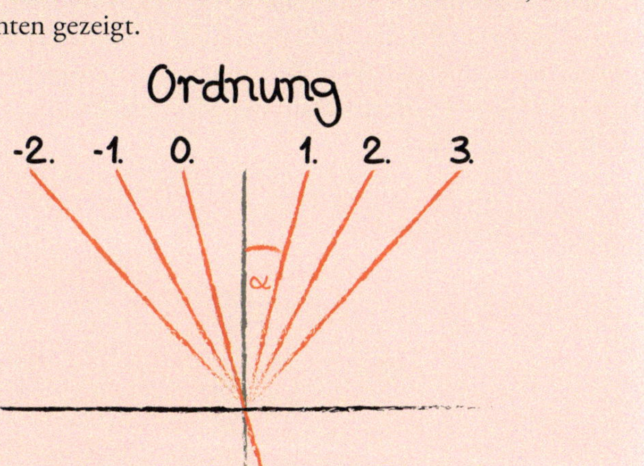

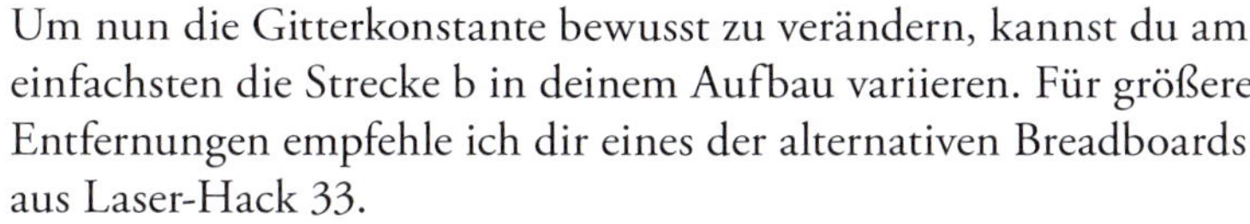

Um nun die Gitterkonstante bewusst zu verändern, kannst du am einfachsten die Strecke b in deinem Aufbau variieren. Für größere Entfernungen empfehle ich dir eines der alternativen Breadboards aus Laser-Hack 33.

Laser-Hack 19: Interferenzmuster sichtbar machen

In Laser-Hack 18 haben wir berechnet, dass die Gitterkonstante des Lichtinterferenzmusters bzw. des holografischen Gitters im Mikrometerbereich liegt. Damit ist es möglich, das Gitter mit einem Mikroskop sichtbar zu machen. Ich zeige dir im Folgenden, wie das Lichtmuster vergrößert auf einen Schirm projeziert werden kann. Hierzu benötigst du ein einfaches Mikroskopobjektiv, mit dem du den Überlagerungspunkt der beiden Teilstrahlen abbildest.

Für dieses Experiment solltest du das Objektiv in einer Entfernung von ca. 50 cm zu den Spiegelhaltern und in Höhe der Strahlverläufe mechanisch stabil aufstellen. Wie in der Skizze unten gezeigt, überlagerst du beide Teilstrahlen auf der Mikroskoplinse, die in Richtung der Laserspiegel zeigt.

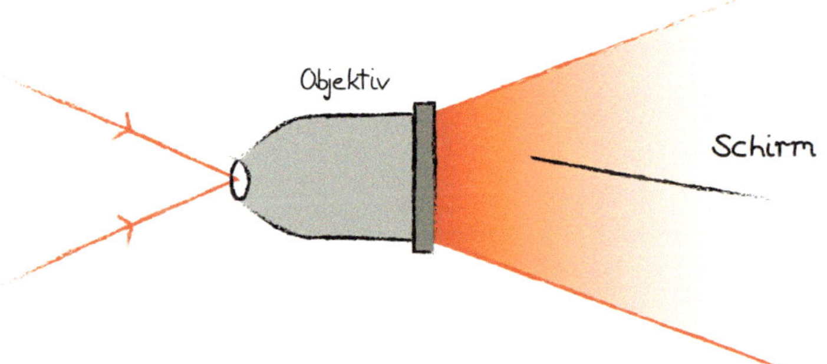

Abbildung 54: *Schematische Skizze zur Sichtbarmachung des Interferenzmusters*

Zur besseren Justage der Überlagerung kannst du die weiße Papierkarte aus dem ersten Kapitel des Buchs direkt vor die Linse halten. Nun kannst du das Linienmuster auf dem Beobachtungsschirm sehen, wenn dieser in einem Abstand von ca. 20cm zum Objektiv steht und sehr stark in Bezug auf den Strahlengang verdreht ist. Durch diesen schrägen Einfall erreichst du, dass das Strichmuster in seitlicher Richtung verzerrt wird und die sehr schmalen Linien besser beobachtet werden können.

Die Studie des Interferenzmusters kann dir bei der Verbesserung der Hologrammqualität helfen, da der Intensitätskontrast des Linienmusters direkt mit dem Bildkontrast des Hologramms skaliert.

Der Kontrast im Lichtmuster ist dabei abhängig von: (1) dem Polarisationsgrad sowie (2) der Kohärenzlänge des Lasers und (3) dem Teilungsverhältnis des Strahlteilers. Zunächst sollte die Polarisation der Laserwellen senkrecht zum Breadboard ausgerichtet sein. Einen besseren Polarisationsgrad erhälst du, wenn du einen Polarisator in den Strahlengang direkt vor das Austrittsfenster deines Laser einbaust, der parallel zur Polarisation des Laserlichts ausgerichtet ist.

Den Polarisationsgrad kannst du überprüfen, indem du einen Polarisationsfilter senkrecht zur Polarisationsrichtung des Lasers ausrichtest und in den Strahlengang bringst. Je stärker der Strahl abgeschwächt wird, desto höher ist der Polarisationsgrad.

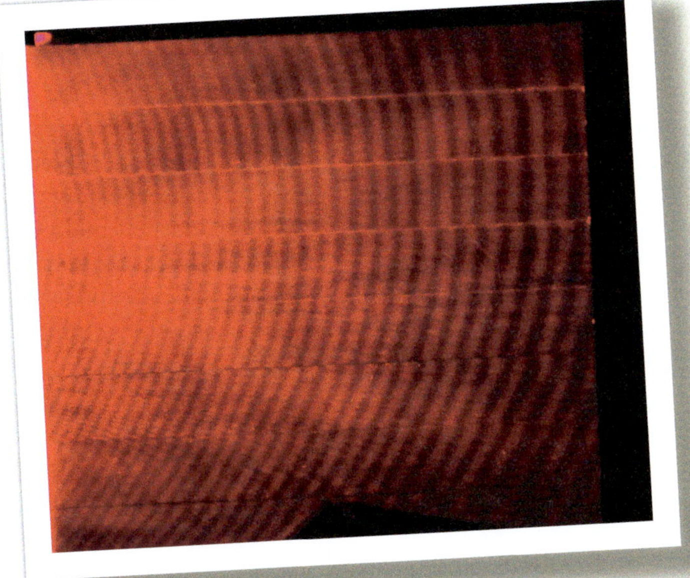

Abbildung 55:
Lichtinterferenzmuster auf einem schräg gestellten Beobachtungsschirm bei der Überlagerung zweier Strahlen unter einem kleinen Schreibwinkel. Die Interfernzlinien sind sehr gut erkennbar. Die Krümmung entsteht durch die starke Vergrößerung des Objektivs in Verbindung mit der Schrägstellung des Schirms.

Die Kohärenzlänge des Lasers liegt im Bereich von einigen Zentimetern und kann nicht beeinflusst werden. Jedoch kannst du die räumliche Überlagerung der beiden Strahlen verbessern, indem du die optischen Weglängen besser angleichst. Dies gelingt bspw. mit einem linear verschiebbaren Spiegelhalter besonders gut.

Letztlich kannst du das Intensitätsverhältnis der beiden Strahlen anpassen, in dem du andere Strahlteiler ausprobierst (bspw. mit einem Teilungsverhältnis von 50:50) oder den intensiveren Teilstrahl durch einen Graufilter abschwächst.

Weitere Informationen, Anregungen zur Bestimmung des Polarisationsgrads, zum Aufbau von Linearverschiebetischen und/oder zu Graufiltern findest du auf unserer Webseite.

Laser-Hack 20: Beugungswirkungsgrad bestimmen

Intensität I

$$I = \frac{P}{A}$$

Die Intensität **I** gibt an, wie viel Lichtleistung **P** sich auf einer Fläche **A** verteilt.

Der Beugungswirkungsgrad η gibt an, wie groß der Anteil des am holografischen Gitter gebeugten Lichts in Bezug auf die einfallende Lichtinensität ist. Sie ist neben der Gitterkonstante eine der interessantesten Maßzahlen eines Beugungsgitters und lässt sich nach Kogelnik einfach aus dem Intensitätsverhältnis von einfallender I_0 und gebeugter I_1 Welle bilden:

$$\eta = \frac{I_1}{I_0}$$

Die Intensität I_1 bezieht sich auf die gebeugte Lichtwelle erster Ordnung, die der rekonstruierten Objektwelle entspricht. Wenn noch kein Hologramm aufgezeichnet ist, ist die Intensität der gebeugten Lichtwelle 0 und der Beugungswirkungsgrad ist ebenfalls 0, bzw. 0%. Im Extremfall wird die gesamte Lichtintensität durch das Gitter abgebeugt, so dass die gebeugte und einfallende Intensitäten gleich sind $I_1 = I_0$. In diesem Fall erreicht der Beugungswirkungsgrad ihren Maximalwert von 1, bzw. 100%.

Die präzise Bestimmung der Intensitäten ist durch das kleine Strahlprofil der Laserstrahlen meist schwierig, so dass der Beugungswirkungsgrad alternativ über die Laserleistungen von einfallender P_0 und gebeugter P_1 Welle bestimmt wird:

$$\eta = \frac{P_1}{P_0}$$

Lichtleistung P

$$P = \frac{E}{t}$$

Die Lichtleistung **P** gibt an, wie viel Energie **E** pro Zeiteinheit **t** ein Laserstrahl aussendet. Sie dient zur Einstufung von Lasern in die Laserschutzklassen und ist Teil der Kennzeichnungspflicht. Die hier angegebenen Werte entsprechen der maximal erreichbaren Ausgangsleistung des Lasers.

Dies ist näherungsweise für den Fall einer kleinen Divergenz (wie beim Aufbau zum holografischen Gitter) möglich, da sich dann Leistung und Intensität an jeder Stelle im Strahlengang gleich verhalten.

Um die Leistung zu bestimmen, ist ein Leistungsmessgerät erforderlich. Hierzu verwende ich ein eigens entwickeltes Leistungsmessgerät, das du mit dem Band »LASERMESSGERÄTE zum Selberbauen« aus dieser Buchreihe nachbauen kannst. In dem Buch lernst du auch die Funktionsweise des Messgeräts und wie die Laserleistung richtig gemessen wird.

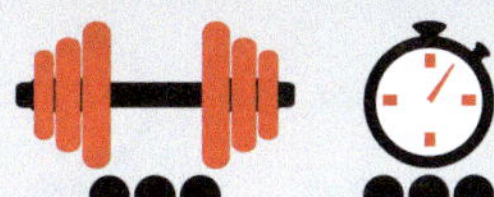

Anhand des aufgezeichneten holografischen Films zeige ich dir eine Beispielmessung. Die Messanordnung und die Messpunkte habe ich in der Skizze schematisch dargestellt.

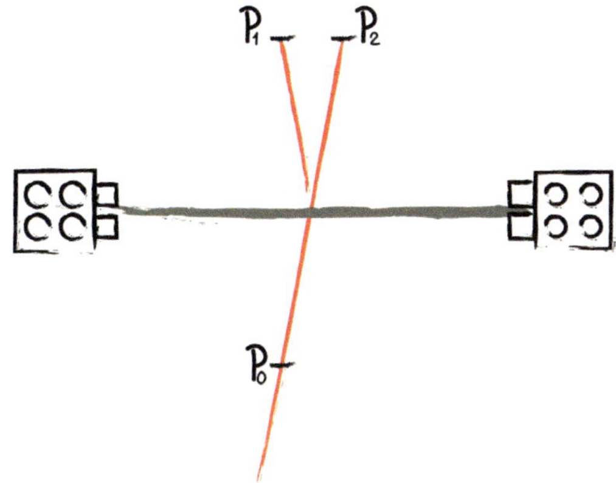

Abbildung 56:
Schemaskizze von Messanordnung und Messpunkten zur Bestimmung des Beugungswirkungsgrads

Den rechten Laserstrahl habe ich für die Messung nach vollständiger Belichtung blockiert und folgende Leistungen gemessen:

$$P_0 = 227\ \mu W$$
$$P_1 = 67{,}2\ \mu W$$
$$P_2 = 117\ \mu W$$

Die hier genannten Wirkungsgrade und Formeln beziehen sich auf sogenannte Volumenhologramme

Referenz: Kogelnik, 1969

Für den Beugungswirkungsgrad η ergibt sich ein Wert von 30%:

$$\eta = \frac{67{,}2}{227} = 0{,}296 \approx 0{,}3 \text{ (bzw. 30\%).}$$

Anhand des Verhältnisses von P_2 zu P_0, das ein Maß für die transmittierte Intensität ist, können die Verluste durch das Hologramm (Beugung in höhere Ordnungen, Absorption, Reflexion oder Streuung) abgeschätzt werden:

$$\frac{P_2}{P_0} = \frac{117}{227} = 0{,}515 \text{ (bzw. 52\%).}$$

$$100\% - 30\% - 52\% = 18\%$$

Folglich werden 52% des Strahls transmittiert und der Verlust beträgt 18% der eingestrahlten Leistung. Der transmittierte Strahl ist um den Faktor 52% / 30% = 1,7 stärker als der gebeugte.

Um den dynamischen Prozess des Beugungswirkungsgrad aufzuzeichnen, empfehle ich dir einen Blick in den Band »LASER-MESSGERÄTE zum Selberbauen«. Außerdem findest du hierzu ein Video auf unserer Webseite.

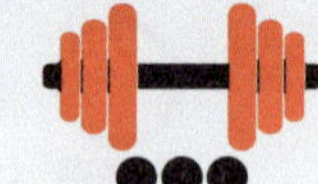

Laser-Hack 21: Mehrere Strahlen überlagern

Du kannst den Aufbau zum Aufzeichnen holografischer Gitter auch auf mehrere Teilstrahlen erweitern, indem du zusätzliche Strahlteiler und Spiegel einbaust. Ich habe so ein Interferometer mit insgesamt vier Spiegeln aufgebaut. Das Interessante daran ist, dass dann jede paarweise Kombination aus zwei Laserstrahlen ein eigenes holografisches Gitter schreibt, das die Ebene der beiden Strahlen über die Richtung des Gitters im Film speichert.

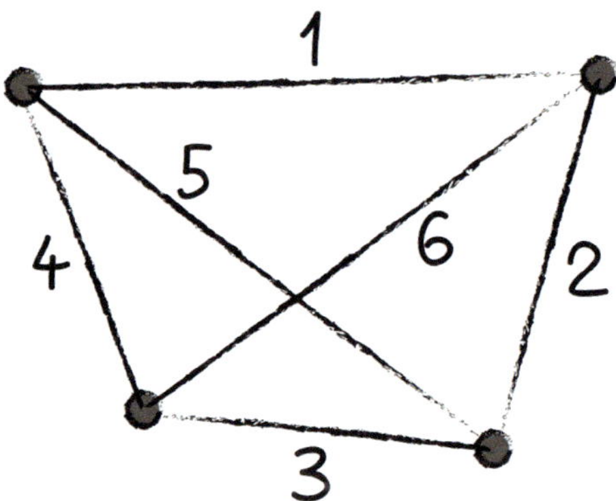

Abbildung 57: *Schematische Skizze der überlagerten Strahlen und der resultierenden sechs holografischen Gitter*

Die Abbildung 57 zeigt schematisch, dass bei vier Teilstrahlen hierdurch insgesamt sechs holografische Gitter mit unterschiedlicher Richtung im Film aufgezeichnet werden.

Im Aufbau habe ich die zwei zusätzlichen Spiegelhalter in einer größeren Höhe platziert, damit sich die Gitterrichtungen deutlich unterscheiden (vgl. Abb. 58).

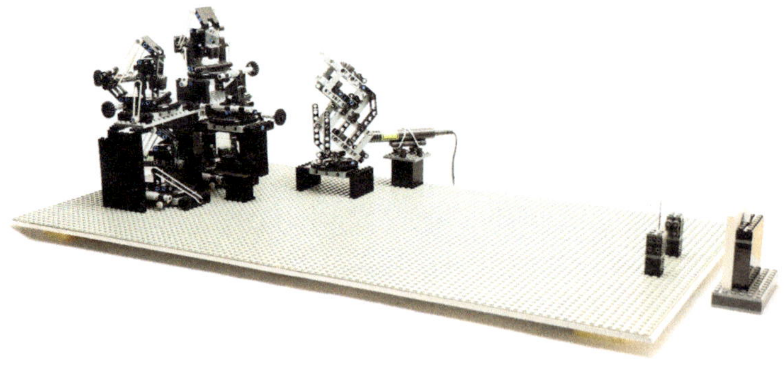

Abbildung 58: *Foto des Aufbaus zum Aufzeichnen holografischer Gitter mit Periskop und vier Spiegelhaltern*

Wenn ich das so entstandene Hologramm mit nur einer der Wellen beleuchte, werden die jeweils anderen drei Strahlen rekonstruiert. Außerdem ist deutlich erkennbar, dass der Strahl an jedem der sechs Gitter gebeugt wird, wodurch weitere, umliegenden Punkte entstehen. Dieses Experiment zeigt, dass sich mehrere Strahlen und dadurch erzeugte Gitter problemlos überlagern und rekonstruieren lassen. Die Rekonstruktion eines einzelnen Gitters ist dabei aber nicht möglich.

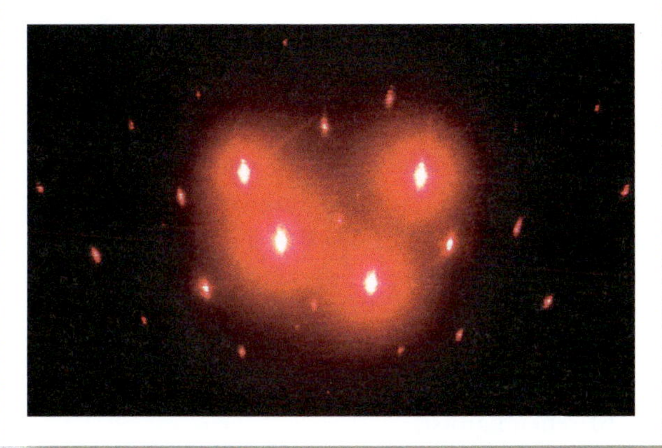

Abbildung 59:
Foto des Beobachtungsschirms beim Bestrahlen des Hologramms mit allen Schreibstrahlen. Die höheren Beugungsordnungen sind bereits erkennbar.

Abbildung 60:
Foto des Beobachtungsschirms beim Rekonstruieren des Hologramms mit einem Strahl. Die Rekonstruktion der drei anderen Schreibstrahlen kann beobachtet werden.

Laser-Hack 22: Transmissionshologramm aufnehmen

Dein erstes Bildhologramm war ein sogenanntes Reflexionshologramm.

In diesem Laser-Hack zeige ich dir, wie du ein Transmissionshologramm aufzeichnen kannst. Ich habe den Aufbau so gestaltet, dass du allein durch Verändern der Objektposition zwischen den beiden Hologrammarten (Reflexions- & Transmissionshologramm) wechseln kannst. Dazu stelle dein Objekt auf die andere Seite des Films, wie ich es auf dem Foto gemacht habe. Für die genaue Positionierung hilft es mir, wenn ich den Aufbau um 180° drehe. Du musst nun aber noch stärker darauf achten, dass der Laserstrahl deine Augen nicht gefährdet, denn er leuchtet jetzt direkt in deine Richtung!

Denk daran:
Nicht in den Laser schauen!

Für die Position des Objekts ist wieder zu beachten, dass der Film und das Objekt gut ausgeleuchtet werden. Einerseits zeichnet der Film nur die Stellen des Objekts auf, die vom Laserstrahl getroffen werden. Andererseits wird das Hologramm nur an den beleuchteten Stellen des Films aufgezeichnet. Da sich das Objekt nun zwischen Laser und Film befindet, treten insbesondere Probleme durch Schattenbildung auf. Versuche Schatten zu vermeiden, da in diesen Bereichen des Films kein Hologramm entsteht. Ich positioniere mein Objekt daher immer etwas weiter rechts am Rand, wie du es in Abbildung 61 sehen kannst.

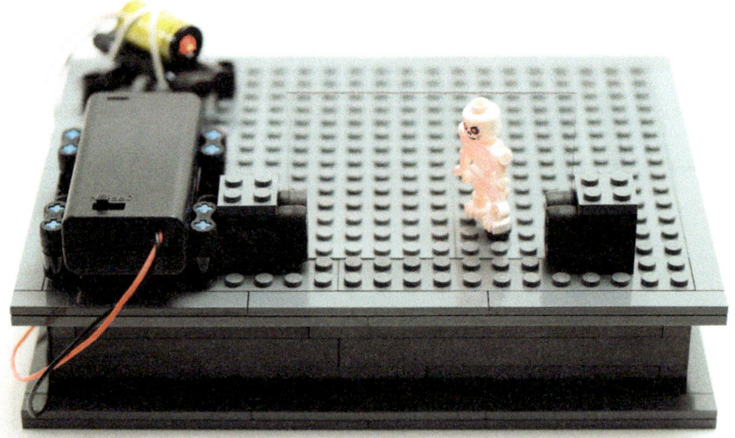

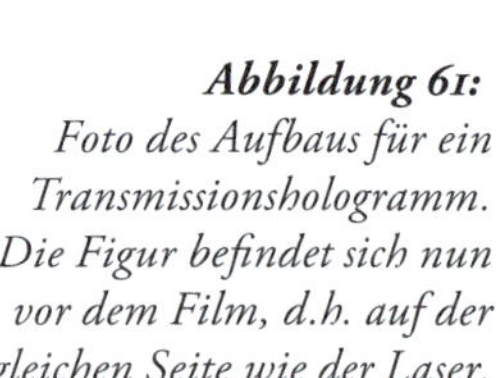

Abbildung 61: *Foto des Aufbaus für ein Transmissionshologramm. Die Figur befindet sich nun vor dem Film, d.h. auf der gleichen Seite wie der Laser.*

Zudem benutze ich eine 1x1 Plate Round (Art.Nr. 4073), die ich unter einen Fuß der Figur stecke. Dadurch kann ich diese solange drehen bis sie gut ausgeleuchtet und gleichzeitig noch zum Film ausgerichtet ist.

Wenn du die Figur bestmöglich platziert und ausgeleuchtet hast, kannst du direkt mit der Hologrammaufzeichnung beginnen. Beachte alle Hinweise wie in Laser-Hack 7 und gehe hierzu die gleichen Schritte durch. Einziger Unterschied ist, dass der Film nun anders herum platziert werden muss, d.h., dass die laminierte Seite des holografischen Films zum Objekt gerichtet sein muss. An der Belichtungszeit von 2:30 Minuten ändert sich dadurch nichts.

Ich wünsche dir viel Erfolg!

Abbildung 62:
Foto des rekonstruierten Transmissionshologramms

Vergleich: Reflexions- und Transmissionsghologramm

Der Unterschied zwischen diesen beiden Hologrammtypen kann leicht beschrieben werden. Wenn sich der Laser und das Objekt auf zwei unterschiedlichen Seiten des Films befinden, handelt es sich um ein Reflexionshologramm (1). Wenn sie sich auf der gleichen Seite des Films befinden, wird ein Transmissionshologramm aufgenommen (2). Man spricht daher auch von der Reflexions- bzw. Transmissionsgeometrie.

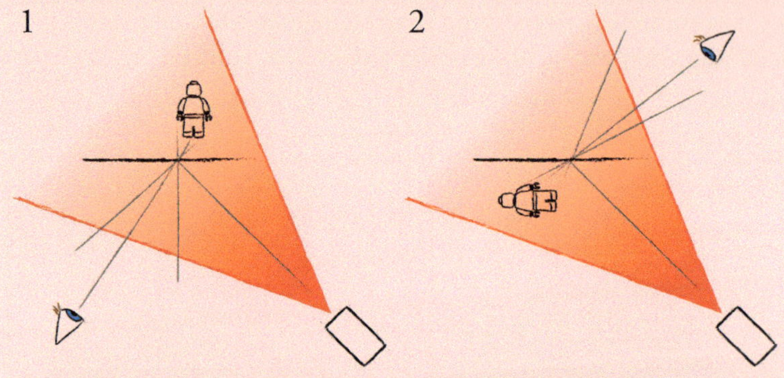

Um das Hologramm sehen zu können, musst du dich immer auf der gegenüberliegenden Seite des Objekts befinden. Dadurch musst du deine Betrachtungsposition beim Wechsel der Aufnahmetypen ebenfalls ändern. Das Hologramm funktioniert ja als eine Art Fenster.

Um mit den Namen nicht durcheinander zu kommen, betrachte ich immer den Fall der Rekonstruktion: Bei einem Reflexionshologramm wird der Laserstrahl vom Hologramm in mein Auge reflektiert. Bei einem Transmissionshologramm wird der Strahl durch den Film hindurch in mein Auge transmittiert.

Laser-Hack 23: Hologramme überlagern

Nicht nur Beugungsgitter können überlagert werden. Du kannst auch Bildhologramme überlagern. So ist es beispielsweise möglich, gleichzeitig ein Reflexions- und ein Transmissionshologramm aufzunehmen.

Dabei stellst du einfach ein Objekt vor und eins hinter den Film.

Je nachdem welches Objekt du nach der Belichtung sehen möchtest, musst du von vorne oder hinten durch den Film blicken.

Abbildung 63: *Foto des Aufbaus für eine gleichzeitige Aufnahme eines Transmissions- und Reflexionshologramms. Auf beiden Seiten des Films befinden sich Figuren.*

Dieser Laser-Hack zeigt, dass du auch Hologramme überlagern und anschließend getrennt voneinander betrachten kannst. In einigen der folgenden Laser-Hacks wird dieses Prinzip noch erweitert.

Laser-Hack 24: Hologramm kopieren

Auch das Vervielfältigen von Hologrammen ist möglich. Dadurch kannst du dein Lieblingshologramm auch verschenken. Das Prinzip funktioniert so, dass der Film (Kopie) mit den rekonstruierten Lichtwellen des Originalhologramms (Master) als Objekt belichtet wird. Die Kopie wird sich vom Original nicht unterscheiden, da die holografische Rekonstruktion das Objekt vollständig wiedergibt. Dieses Verfahren ist zweistufig, da das Endprodukt (Kopie) erst in einem zweiten Schritt durch das Originalhologramm (Master) erzeugt wird.

Dafür musst du das zu kopierende Hologramm (Master) ganz normal in den Filmhalter stecken und den Laser zur Rekonstruktion einschalten. Stelle sicher, dass das Hologramm gut rekonstruiert wird. Mit der Zeit kann sich der optimale Winkel zur Rekonstruktion etwas verschieben. Um diesen zu verändern, kannst du den Laserhalter einfach etwas auf dem Breadboard verschieben. Nun schaltest du den Laser wieder aus und steckst zusätzlich den unbelichteten Film (Kopie) in den Filmhalter. Hierbei nehme ich die erste Filmplatte wieder heraus und stecke sie gemeinsam rein. Achte dabei darauf, dass die Filmplatte gegenüber von der damaligen Objektposition platziert wird und der Film zum Objekt orientiert ist. So wirst du die besten Ergebnisse erzielen.

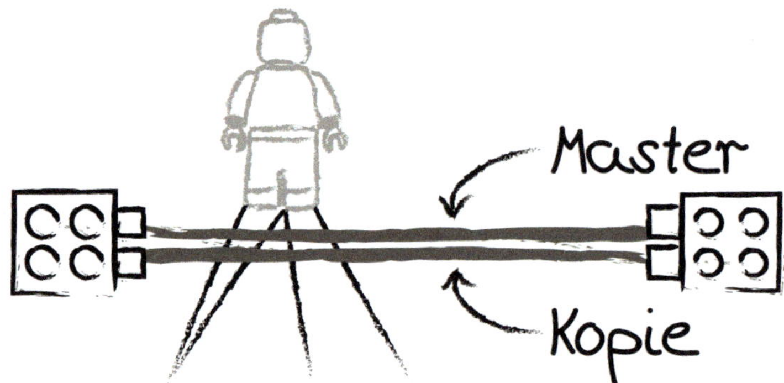

Abbildung 64: *Schematische Skizze zum Kopieren eines Hologramms*

Die einzigen Unterschiede zum Originalhologramm sind ein geringer Intensitätsverlust und ein (um die Glasplattendicke) größerer Abstand zwischen Filmplatte und Objekt. Außerdem können Interferenzstreifen durch Mehrfachreflexionen zwischen den Filmplatten entstehen.

Eine Besonderheit bei dieser Methode ist, dass du für den Kopiervorgang zusätzliche Objekte platzieren oder das gleiche Objekt verändern kannst. Dadurch wird das ursprüngliche Hologramm erweitert. So kannst du beispielsweise ein Hologramm mit zwei identischen Figuren erzeugen, obwohl du nur eine besitzt. Außerdem ist ein Ineinanderlaufen der Figuren möglich, was bei einer einstufigen Aufnahme nicht möglich ist. Dadurch kannst du bei mehrmaliger Anwendung auch dreidimensionale Stroboskopbilder aufzeichnen.

Ich empfehle eine Belichtungszeit von 3:30 Minuten, da durch die Absorption des unbelichteten Films die Rekonstruktion des Masters schwächer ausfällt.

Abbildung 65:
Foto eines dreistufigen Hologramms durch wiederholtes Kopieren und Verändern des Objekts. Unschärfe und Interferenzstreifen sind an der Hüfte des Skeletts erkennbar, die durch die mehreren Kopiervorgänge entstehen.

Laser-Hack 25: Bildebenenhologramm aufnehmen

Bislang befanden sich alle rekonstruierten Objekte hinter der holografischen Filmplatte. Ich habe es immer damit beschrieben, dass du wie durch ein Fenster auf das Objekt schaust. Es ist aber auch möglich, ein Hologramm aufzunehmen, bei dem das rekonstruierte Objekt vor dem holografischen Film erscheint, also aus dem Hologramm herausragt. Dies ist verblüffend, da du mit deinen Finger durch das Objekt hindurch greifen kannst.

Um ein solches Hologramm aufzuzeichnen, sind ebenfalls zwei Stufen notwendig. Grundlegend handelt es sich um eine abgewandelte Art des Kopierens von Hologrammen, die allerdings etwas anspruchsvoller ist. Ich habe die Vorgehensweise daher in einem Video auf der Webseite der Buchreihe detaillierter ausgeführt. Im Folgenden fasse ich die wichtigsten Punkte ergänzend zusammen.

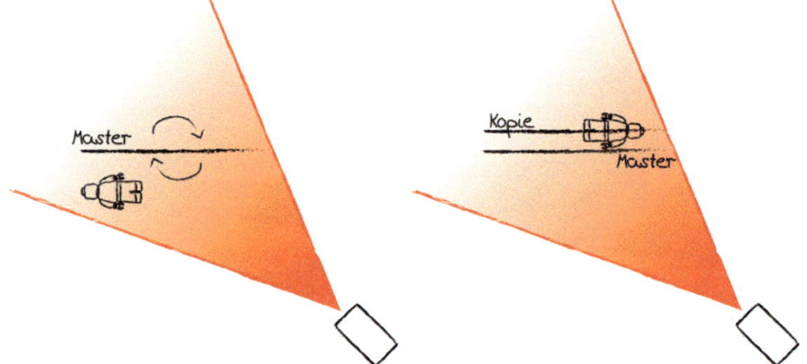

Abbildung 66: *Schematische Skizze zur Aufnahme eines Bildebenenhologramms*

Im ersten Schritt zeichnest du ein Transmissionshologram (Master) auf. Danach entfernst du das Objekt und drehst den Film um 180° um eine Achse senkrecht zur Tischebene (vgl. Skizze, links).

Beleuchtest du in dieser Anordnung das Hologramm wird das sogenannte reelle Bild des Objekts rekonstruiert. Bei diesen befinden sich alle Punkte des ursprünglichen Objekts punktsymmetrisch zur Drehachse hinter den Film: Eine konkave Krümmung wird dadurch konvex und umgekehrt. Das reelle Bild dient nun als neues Objekt für die Aufnahme des Bildebenenhologramms. Mit einer weißen Karte kannst du die Projektion des reellen Bilds sehen und damit die Ebene finden, in der das Bild scharf erscheint. In diese Ebene stellst du den Filmhalter für den zweiten, noch unbelichteten Film. Wenn dein Objekt bei der Aufnahme des Masterhologramms bspw. einen Noppen vor dem Film stand, muss der zweite Film nun einen Noppen hinter dem Film platziert sein.

Abbildung 67:
Foto des reellen Bilds, welches auf eine weiße Karte abgebildet wird.

In dieser Anordnung kannst du mit der Aufzeichnung des Hologramms beginnen: Raum abdunkeln, Film einlegen und belichten. Die Belichtungszeit kannst du etwas länger wählen, da bei diesem Kopiervorgang die Intensität der Objektwelle im Vergleich zur Reflexion vom Originalobjekt schwächer ist.

Ich empfehle eine Belichtungszeit von 3:30 Minuten, da ein Teil der Intensität von dem zu kopierenden Film absorbiert wird und die Objektwelle des reellen Bilds durch den begrenzten Beugungswirkungsgrad schwächer als die Reflexion vom Originalobjekt ist.

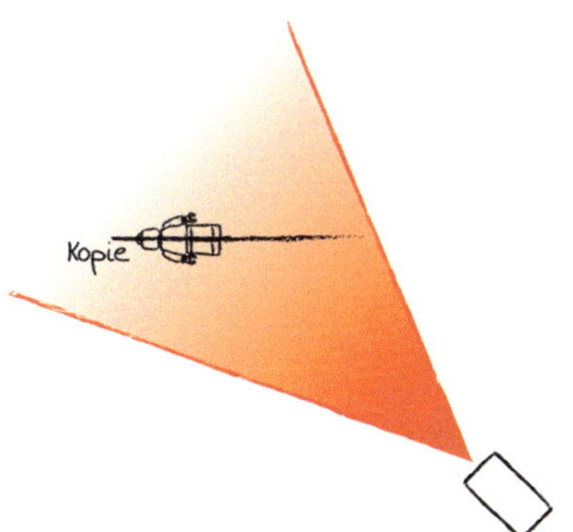

Abbildung 68:
Schematische Skizze zur Rekonstruktion eines Bildebenenhologramms

Nach erfolgreicher Belichtung wurde das reelle Bild aus dem Masterhologramm in eine andere Ebene kopiert und das Masterhologramm kann entfernt werden. Letztlich musst du die Kopie umdrehen, um das fertige Bildebenen-Transmissionshologramm zu sehen.

Generell geht bei dieser Technik viel Qualität durch den Umkopiervorgang verloren, sodass du mit einigen Versuchen rechnen musst, bis du ein gutes Ergebnis erhälst.

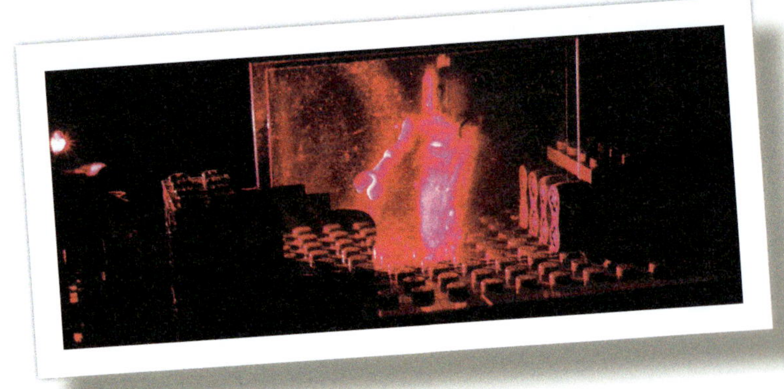

Abbildung 69: *Foto eines Bildebenenhologramms. Die zum Film gerichtete Schulter und der anhängende Arm ragen aus dem Hologramm heraus.*

Laser-Hack 26: Wackelhologramm aufzeichnen

Die zweistufige Überlagerung von zwei holografischen Aufnahmen im gleichen Film wird als »Multiplexing« bezeichnet. Je nachdem, ob zwischen zwei Aufnahmen der Winkel zwischen den Strahlen und dem Film oder die Wellenlänge des Lasers verändert wird, spricht man vom Winkel- oder Wellenlängenmultiplexing. Da die Rekonstruktion unter gleichem Winkel bzw. mit gleicher Wellenlänge erfolgen muss, kannst du die überlagerten Hologramme getrennt voneinander betrachten. Das klingt kompliziert, ist aber in der Umsetzung ganz einfach.

Ich zeige dir mit dem folgenden Experiment, wie du mit dem Verfahren des Winkelmultiplexings ein sogenanntes Wackelhologramm aufzeichnen kannst. Hierzu wird zunächst eine Bildsituation mit einer fest gewählten Schreibgeometrie, d.h. Winkel von Strahlen zum holografischen Film, holografisch aufgezeichnet (vgl. Skizze, links). Die Belichtungszeit wird allerdings unterbrochen, damit der Film für die zweite Bildsituation noch hinreichend lichtempfindlich bleibt. Dazu wird der Film gedreht, das Objekt wie gewünscht verändert und die Aufnahme fortgesetzt (vgl. Skizze, rechts).

Bei der Rekonstruktion passiert nun Folgendes: Es wird jeweils nur das Hologramm rekonstruiert, zu dem der Schreibwinkel passt. Durch ein Hin- und Herwackeln der Filmplatte können so beide Situationen getrennt voneinander betrachtet werden, wie du es bei einem Wackelbild bestimmt schon einmal kennengelernt hast.

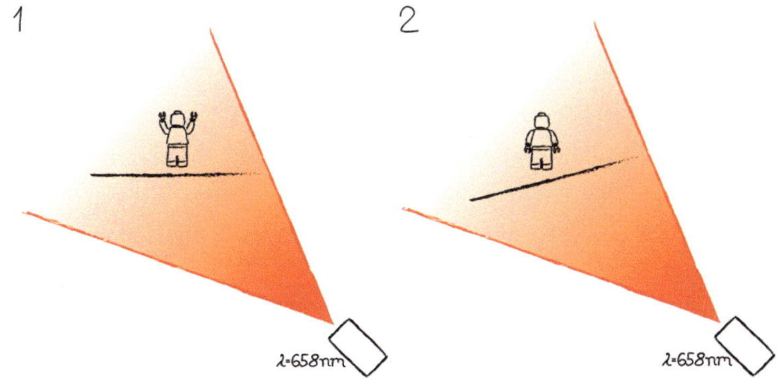

Abbildung 70: *Schematische Skizze zur zweistufigen Aufzeichnung eines Wackelhologramms mittels Winkelmultiplexing*

Um den Effekt in Bewegung sehen zu können, findest du ein Video auf der Webseite!

Abbildung 71: *Foto der beiden Sitationen der überlagerten Hologramme. Durch Verändern des Winkels zwischen Laser und Film können die Hologramme getrennt voneinder betrachtet werden.*

Ich habe festgestellt, dass folgende Experimentierbedingungen besonders gute Ergebnisse liefern:

- Situation 1 für 15 Sekunden belichten und Laser ausschalten.
- Film herausnehmen.
- Linken Filmhalter um zwei Noppen nach vorne und den rechten um eine Noppe nach hinten versetzen.
- Film wieder einsetzen, so dass er nun schräg in der Halterung befestigt ist.
- Situation 2 herstellen.
- Weitere 2:15 min belichten.
- Durch Wackeln des Films am jubelnden Skelett Spaß haben!

Laser-Hack 27: Holografische Interferometrie

Die holografische Interferometrie wird verwendet, um sehr kleine Verformungen von Objekten festzustellen bzw. zu visualisieren. Auch hierbei werden zwei Hologramme in zwei aufeinanderfolgenden Stufen im gleichen Film aufgezeichnet. Jedoch bleibt die Aufnahmebedingung unverändert. Stattdessen wird in diesem Fall das Objekt zwischen erster und zweiter Belichtung bspw. durch eine mechanische Belastung gezielt verformt. Bei der Rekonstruktion werden demnach beide Hologramme simultan rekonstruiert und die rekonstruierten, kohärenten Objektwellen von belastetem und unbelastetem Objekt überlagern sich. Wenn die Objektverformung im Bereich der halben Lichtwellenlänge liegt, kommt es zur destruktiven Interferenz, die in Form eines Interferenzstreifens im rekonstruierten Bild erkennbar ist. Größere Deformationen führen zu weiteren Interferenzstreifen. Dabei entspricht der Abstand zwischen zwei benachbarten Interferenzstreifen jeweils einer Objektverformung in der Größe einer Lichtwellenlänge (hier: 658 nm). Das hier beschriebene Verfahren ist auch als Doppelbelichtungsinterferometrie bekannt. Darüber hinaus werden häufig die folgenden zwei Techniken zur holografische Interferometrie genutzt:

Es ist etwas komplizierter, die absolute Verformung des Objekts herauszufinden. Ich empfehle dir folgende Literatur hierzu: Ostrowski (2013)

- **Echtzeittechnik:** Hierbei wird das Objekt nach erfolgter Belichtung im Aufbau stehen gelassen. Nun interferieren die rekonstruierten Lichtwellen mit den vom Objekt gestreuten Lichtwellen und eine Verformung im Mikrometerbereich wird in Echtzeit durch Interferenzstreifen im Hologramm sichtbar.
- **Zeitmittelungstechnik:** Bei dieser Technik wird ein Hologramm von einem Objekt aufgenommen, welches mithilfe von einem Lautsprecher in eine periodische, resonante Schwingung gebracht wird. Dadurch bilden sich stehende mechanische Deformationswellen im Material aus. Gelingt hiervon eine holografische Aufnahme, können diese Schwingungsbäuche anhand der Interferenzlinien erkannt werden. Dieses Verfahren wird bspw. zur Untersuchung von Verformungen in Automotoren bei unterschiedlichen Drehzahlen angewendet.

Mit meinem Aufbau kannst du Verformungen mithilfe der Echtzeittechnik und dem Doppelbelichtungsverfahren feststellen. Dazu nimm ein möglichst flaches Objekt (bspw. eine Säule mit 2x1 Lego® Bausteinen, vgl. Foto) und zeichne ein Reflexionshologramm davon auf. Nach der Belichtungszeit drücke leicht von hinten gegen das Objekt und du wirst Interferenzlinien auf dem Objekt laufen sehen. Für einen wiederholbaren Druck kannst du vorsichtig dein Handy von hinten an das Objekt lehnen.

Beim Doppelbelichtungsverfahren wird ein zweistufiges Hologramm aufgezeichnet.

Mache dich bei der Echtzeittechnik mit der Stärke der Verformung vertraut. Hier wirst du anhand des Abstands der Streifen im Livebild erkennen, wie stark der Druck sein darf, um noch Streifen erkennen zu können. Mit dieser Erfahrung kannst du auch ein statisches Interferogramm mit dem Doppelbelichtungsverfahren aufnehmen. Belichte den Film in Grundposition für 15 Sekunden. Schalte den Laser aus, übe deinen gewählten Druck aus und belichte zu Ende (noch 2:15 min).

Abbildung 72: *Foto des holografischen Interferogramms mit der Echtzeittechnik*

Laser-Hack 28: Hologramm bei 532nm

Du kannst auch problemlos eine andere Wellenlänge verwenden, um den Film zu belichten. Dies macht vor allem dann Sinn, wenn du ein Objekt aufnehmen möchtest, welches nicht rot oder weiß ist. Als zweite Wellenlänge eignet sich die Wellenlänge 532 nm (grün) sehr gut, da sich hier ein zweites Maximum in der spektralen Absorption des holografischen Films befindet. Entsprechende Laserpointer sind bei vielen Anbietern erhältlich und du kannst grüne oder weiße Objekte nutzen.

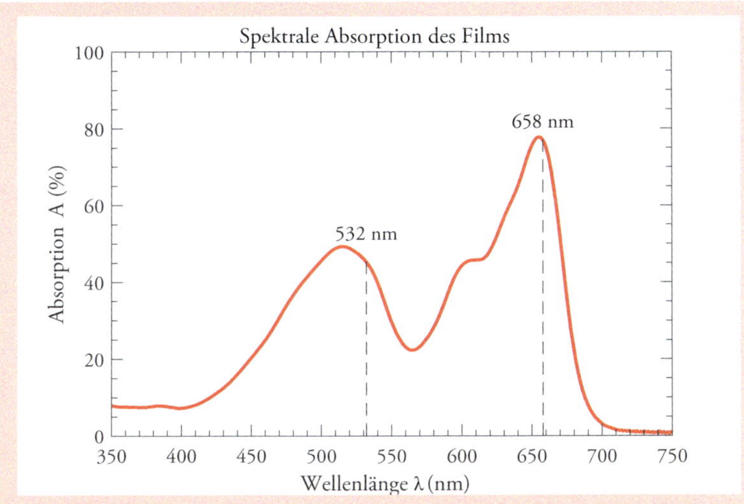

Spektrale Absorption

Der Graph zeigt die spektrale (wellenlängenabhängige) Absorption von dem holografischen Film. Je größer die Absorption ist, desto empfindlicher ist der Film für die jeweilige Wellenlänge des Lasers und der Aufzeichnungsprozess kann verkürzt werden. Dies ist für die Stabilität des Aufbaus während der Aufnahme besonders wichtig. Die Wellenlänge des Lasers der bisherigen Laser-Hacks ist mit 658 nm demnach optimal ausgewählt. Bei 532 nm liegt ein zweites Maximum vor, so dass diese Wellenlänge ebenfalls gut verwendet werden kann.

Die Bestrahlung **H** wird durch das Produkt von Intensität **I** und Belichtungszeit **t** gebildet:

$$H = I \cdot t$$

In dem Absorptionsspektrum ist zu erkennen, dass die Absorption bei 532 nm geringer ist als bei 658 nm. Dadurch ergibt sich bei gleicher Intensität eine höhere Belichtungszeit. Diese muss um ca. einen Faktor 1,5 angepasst werden. Alternativ kannst du aber auch die Intensität erhöhen, indem du einen stärkeren Laser (Vorsicht mit der Laserklasse!) oder einen mit einer geringeren Divergenz verwendest. Dabei beachte aber stets die Gefahr, die vom Laser ausgeht.

Abbildung 73:
Foto eines Hologramms, welches mit einem grünen Laser aufgenommen wurde

Laser-Hack 29: Mehrfarbenhologramm aufnehmen

Wenn dein Objekt viele Farben aufweist, brauchst du dich nicht für eine entscheiden, die du aufzeichnen möchtest. Mit dem hier verwendeten Film ist es auch möglich, die Belichtung mit verschiedenen Wellenlängen gleichzeitig durchzuführen. Dadurch können auch farbige Objekte holografisch aufgenommen werden.

Abbildung 74:
Foto eines Mehrfarbenhologramms. Für die gleichzeitige Belichtung des Films wurden die Intensitäten der drei Laser mit den Wellenlängen 658 nm (rot), 532 nm (grün) und 488 nm (blau/türkis) anhand des Absorptionsspektrums des Films aufeinander abgestimmt.

Die einzelnen farbigen Bestandteile können bei der Rekonstruktion durch getrenntes Einschalten der jeweiligen Laser betrachtet werden.

Laser-Hack 30: Fälschungssicheren Ausweis erstellen

Du wirst im Alltag sicher schon bemerkt haben, dass Hologramme auf vielen wichtigen Dokumenten wie Ausweisen, Geldscheinen oder Bankkarten zu finden sind. Hier werden sie als Sicherheitsmerkmale genutzt und gelten im Allgemeinen als fälschungssicher. In diesem Laser-Hack zeige ich dir, wie du deinen eigenen fälschungssicheren Club-Ausweis erstellen kannst.

Erstelle dazu im ersten Schritt mit dem Computer einen Ausweis. Dieser kann eine beliebige Form haben. Das Design kannst du ebenso kreativ gestalten, wie du möchtest. Achte bei der Erstellung nur darauf, dass du bereits Platz für dein Sicherheitshologramm vorsiehst. Anschließend drucke ihn aus und lege ihn vorerst zur Seite.

Unten auf der Seite habe ich ein Beispiel für einen Ausweis abgebildet. Hierbei habe ich mir die untere rechte Ecke ausgesucht, um das Hologramm zu platzieren. Hierbei ist ein dunkler Hintergrund besonders empfehlenswert, um das Hologramm gut erkennen zu können (vgl. den Hologramm-Booster aus Laser-Hack 9).

Abbildung 75: *Bilddatei eines möglichen Ausweises. Die Datei für diesen Ausweis findest du auf unserer Webseite.*

Nun zeichne dein gewünschtes Hologramm als Reflektionshologramm auf. Als Objekt habe ich der einfachheithalber den Oberkörper meines LEGO®-Skeletts verwendet. Um die Fälschungssicherheit zu erhöhen, kannst du auch ein Objekt nehmen, welches nur du besitzt. Für zukünftige Mitgliedsausweise, solltest du dir am besten ein Masterhologramm anfertigen, welches du anschließend kopieren kannst.

Um das Hologramm später auf den Ausweis kleben zu können, muss der Film auf der Platte bei der Aufnahme vom Objekt weg gerichtet sein.

Abbildung 76:
Foto eines Ausweises mit rekonstruiertem Sicherheitshologramm

Kontrolliere die Qualität bei der Rekonstruktion und markiere dir einen Rahmen zum Ausschneiden des Films mit einem Folienstift. Mit einem scharfen Cuttermesser und Lineal kannst du nun den Film, noch auf der Glasplatte klebend, ausschneiden. Ziehe den Filmschnipsel ab und klebe ihn auf deinen Clubausweis. Im letzten Schritt solltest du den vollständigen Ausweis einlaminieren. Dadurch stellst du sicher, dass sich das Hologramm nicht mehr löst.

Und fertig ist dein eigener Holografie-Clubausweis.

Du kannst nun die erstellten Ausweise durch Rekonstruktion des Hologramms mit einem Laserpointer auf Echtheit prüfen. Zur Überprüfung der Sicherheit versuche doch einmal, den Ausweis mit deinem normalen Fotokopierer oder deinem Computerscanner zu kopieren - du wirst dich wundern, was du siehst.

Laser-Hack 31: Hologramm im Brewster-Winkel

Um Interferenzerscheinungen durch Mehrfachreflexionen in der Glasscheibe oder im Film zu minimieren, sollte der Film auf der Glasplatte immer zum Objekt hin eingebaut werden. Interferenzen durch Mehrfachreflexionen erkennst du an vertikalen Interferenzstreifen, die bei der Rekonstruktion dein Objekt in der Filmebene störend überlagern.

Wenn du diese Streifen minimieren möchtest, solltest du die Referenzwelle unter dem sogenannten Brewster-Winkel auf den Film einfallen lassen. Dieser beträgt bei den Filmplatten 56,6° in Bezug auf das Lot des Films.

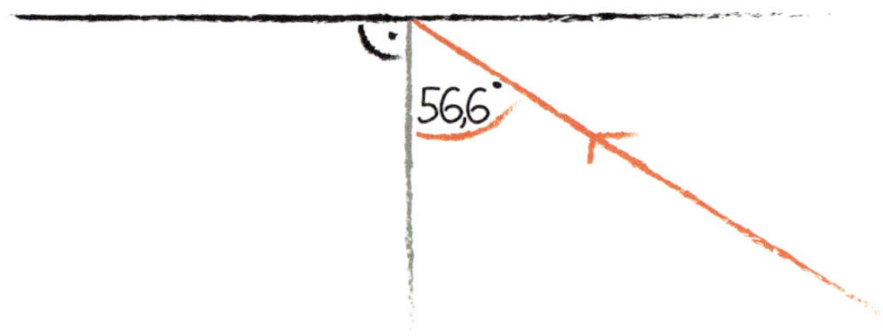

Abbildung 77:
Schematische Skizze zur Ausrichtung der Referenzwelle unter Einhaltung des Brewster-Winkels

Um den Winkel der Referenzwelle präzise einstellen zu können, habe ich einen justierbaren Laserhalter aufgebaut. Die Anleitung dafür kannst du auf unserer Webseite herunterladen.

Abbildung 78:
Foto des justierbaren Laserhalters. Mithilfe des Zahnrads kann der Winkel präzise eingestellt werden.

Der Brewsterwinkel bezeichnet den Winkel, bei dem sich der reflektierte und gebrochene Lichtstrahl unter einem Winkel von 90° zueinander ausbreiten. In dieser Strahlgeometrie wird parallel polarisiertes Licht von der Glasplatte nicht reflektiert, so dass jede Art von Mehrfachreflektion unterdrückt werden kann. Um diesen Effekt auszunutzen, musst du also die Polarisationsrichtung deines Lasers parallel zur Tischoberfläche wählen. Dazu drehst du den Laser in seiner Halterung bis das Strahlprofil vertikal ausgerichtet ist (vgl. Foto).

Abbildung 79:
Foto des Strahlquerschnitts der Laserdiode mit vertikaler Ausrichtung. Die Polarisationsrichtung ist nun parallel zur Tischoberfläche.

Achte darauf, dass du die Belichtungszeit entsprechend anpasst. Aufgrund des flacheren Winkels erhöht sich diese nämlich wie folgt:

$$\frac{2{,}5 \text{ min} \cdot \sin(56.6°)}{\sin(45°)} \approx 3 \text{ min}$$

Laser-Hack 32: Alternativen zur Hintergrundbeleuchtung

Du möchtest eine andere Hintergrundbeleuchtung verwenden? Das ist kein Problem! Dabei musst du aber auf die spektrale Absorption des Films achten. Ich habe meine Glühlampe anhand ihres Spektrums ausgesucht. Diese sendet Licht im Spektralbereich von 560-610 nm aus. In diesem Bereich kann man mit dem Auge zwar noch sehen, aber der Film ist hier nicht sehr empfindlich (vgl. Absorptionsspektrum in Laser-Hack 28). Zusätzlich musst du auf die Gesamtleistung und Entfernung zwischen Lampe und Film achten.

Spektrum Philips AccentColor LED 1W Yellow

Es ist zu erkennen, dass die angegebene Lichtquelle im Wellenlängenbereich von ungefähr 560-610 nm Licht aussendet mit einem Maximum bei 591nm. Anhand der Info-Box in Laser-Hack 28 kannst du eine geringere Absorption des holografischen Films in diesem Wellenlängenbereich feststellen. Die mögliche Arbeitszeit von 30 Minuten ist für einen Abstand von 30cm angegeben und hängt dabei quadratisch von dem Abstand zum Film ab. Wenn der Abstand verdreifacht wird, verneunfacht sich die mögliche Bestrahlungszeit der Glühlampe.

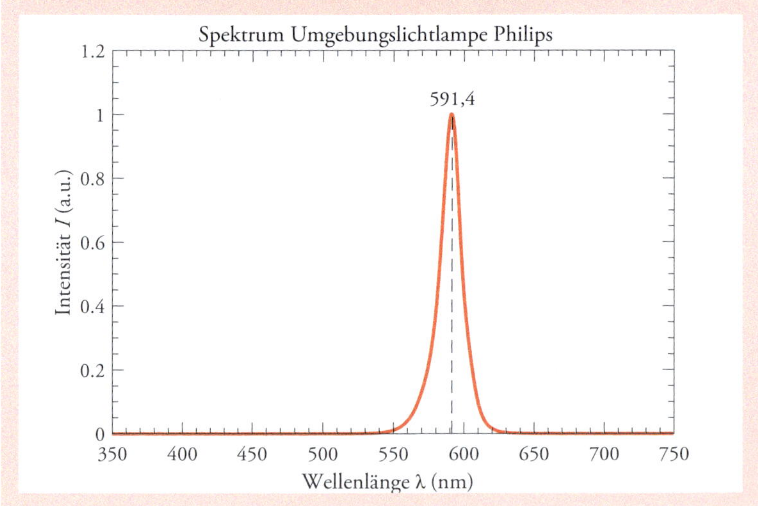

Wenn du eine noch stärkere Beleuchtung haben möchtest, kannst du auch eine lichtdichte Haube während der Aufnahme über den Aufbau stülpen. Ich habe dazu bereits eine passende aus LEGO® Bausteinen aufgebaut, welche auf den Fliesensteinen am Rand des Breadboards aufliegt. Außerdem ist die Haube an einer Seite mit einer kleinen Kabeldurchführung ausgestattet, damit du den Laser und somit die Belichtung von außen starten kannst. Dadurch störst du die Aufnahme nicht durch das Aufsetzen des Deckels.

Abbildung 80:
Foto der Verdunkelungshaube und der Filmdose

Dazu empfehle ich dir Filmdosen zu benutzen, in denen jeweils nur ein Film gelagert wird. Diese kannst du in abgedunkelter Umgebung bestücken und für die einzelne Hologrammaufzeichnung herausholen. So setzt du die restlichen Filme nicht der starken Umgebungsbeleuchtung aus.

Mit Haube und Filmdose ist es mir bspw. gelungen ein Hologramm nach einem Vortrag auf einer Bühne aufzuzeichnen - sehr beeindruckend! Sowohl zur Haube als auch zur Filmdose habe ich Anleitungen und Bauteilelisten erstellt, die du auf unserer Webseite finden kannst.

Laser-Hack 33: Alternatives Breadboard benutzen

Die Experimente dieses Buches wurden auf dem Breadboard des Laser-Hacks 1 realisiert. In diesem letzten Hack zeige ich dir Alternativen zum Breadboard, die genauso gut funktionieren und die du auch ausprobieren kannst. Vorteil der beiden Unterkonstruktionen ist die größere Experimentierfläche, so dass du besser neue, eigene Aufbauten realisieren kannst.

Abbildung 81: *Aufbau zur Aufnahme eines Hologramms auf dem Breadboard aus dem Band »INTERFEROMETER zum Selberbauen«*

Das erste Foto zeigt den Aufbau zur Bildholografie auf einem anders dimensionierten Breadboard. Es handelt sich um das Breadboard, das wir im Band »INTERFEROMETER zum Selberbauen«, dieser Buchreihe vorgestellt haben. Es wurde ebenfalls aus LEGO®-Bausteinen aufgebaut, weist eine Wabenstruktur auf und ist lediglich größer. Für die Interferometer-Experimente ist die zusätzliche Experimentierfläche zwingend erforderlich. Für die Holografie reicht auch meine kleinere Variante. Aus Kostengründen macht es aber natürlich keinen Sinn das Breadboard aus Laser-Hack 1 aufzubauen, wenn du das Breadboard aus dem Interferometerbuch bereits aufgebaut hast. Das Foto zeigt zudem, dass du dann auch mehr Platz zur Verfügung hast und bspw. größere Objekte holografieren kannst.

Eine völlig andere Alternative zu Breadboards aus LEGO®-Bausteinen stellt das Verkleben von einer oder mehrerer LEGO®-Grundplatten auf eine Holz- oder Aluminiumplatte dar. Diese Aufbauart bietet dir nicht nur eine größere Aufbaufläche, sie ist auch weit schneller zu realisieren und meist kostengünstiger. Viele MAKER haben mir berichtet, dass sie diese Konstruktion für die ersten Schritte ihrer 1.000 Laser-Hacks Experimente gewählt haben.

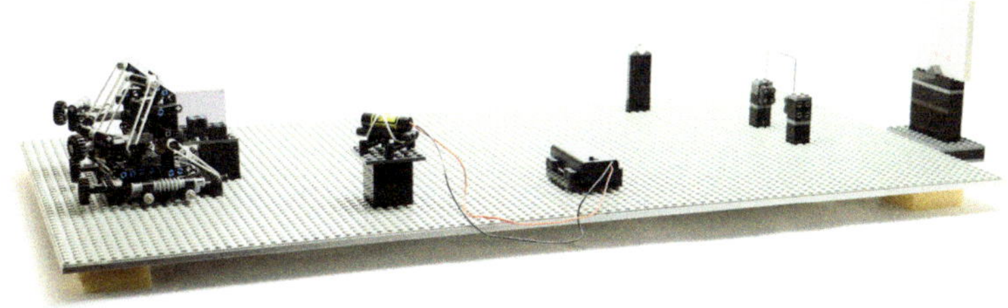

Abbildung 82: *Erzeugung eines holografischen Gitters auf einem großen Breadboard. Durch die größere Entfernung ergibt sich eine größere Gitterkonstante von* $g \approx 7\ \mu m$.

Allerdings hat diese Aufbauart den Nachteil, dass die Schwingungen der Umgebung nicht sehr gut gedämpft werden. Auch ist die mechanische Srabilität nicht besonders hoch und die Platten biegen sich gerne mit der Zeit durch. Daher solltest du bei diesen Platten unbedingt eine Dämpfung mit Schaumstoffwürfeln vorsehen, wie auf dem Foto zu erkennen ist.

Noch ein Tipp: Beim Zusammenbau solltest du darauf achten, dass du zwischen den Grundplatten eine Fuge einhälst. Das ist wichtig, um ein durchgehendes LEGO®-Raster zu erhalten. Am besten verbindest du die Grundplatten vor dem Kleben mit LEGO®-Plates. Als Kleber eignet sich doppelseitiges Klebeband, welches großflächig aufgebracht wird.

Literaturhinweise

Hier findest du einen Auszug an Literatur, welche du zum Beispiel in deiner Stadt-Bibliothek finden kannst. Weitere Literatur, wie bspw. Links zu Fach-Webseiten findest du auf unserer Webseite.

Bücher

Demtröder, Wolfgang.
Experimentalphysik 2: Elektrizität und Optik.
7. Auflage. Springer-Verlag Berlin Heidelberg (2017)

Halliday, David; Resnick, Robert; Walker, Jearl.
Halliday Physik.
3., vollständig überarbeitete und erweiterte Auflage. Wiley-VCH Weinheim (2017)

Eichler, Jürgen; Ackermann, Gerhard
Holographie
Springer-Verlag Berlin Heidelberg (1993)

Ostrowski, Juri I.
Holografie - Grundlagen, Experimente und Anwendungen.
2. Auflage. Vieweg + Teubner Verlag (2013)

Webseiten

DGUV. Vorschrift 12.
Unfallverhütungsvorschrift Laserstrahlung. (2007):
https://publikationen.dguv.de/dguv/pdf/10002/vorschrift12.pdf
(abgerufen am 06.05.2019)

Newport Corporation.
Technical Note: Compliance and Transmissibility Curves. (2018):
https://www.newport.com/n/compliance-and-transmissibility-curves
(abgerufen am 06.05.2019)

Paper

Lawrence, J.R. et al.
Photopolymer holographic recording material.
Optik, Vol. 112, Issue 10 (2001):
https://www.sciencedirect.com/science/article/pii/S0030402604700868

Ortuno, M. et al.
New photopolymer holographic recording material with sustainable design.
OPTICS EXPRESS 12425, Vol. 15, No. 19 (2007):
https://www.osapublishing.org/oe/abstract.cfm?uri=oe-15-19-12425

Gábor, D.
A New Microscopic Principle
Nature, 161 (1948): https://www.nature.com/articles/161777a0

Kogelnik, H.
Coupled Wave Theory for Thick Hologram Gratings.
Bell System Technical Journal 48, Issue 9 (1969):
https://ieeexplore.ieee.org/document/6774000

Coni, P.; Bardon J.L.
The Future of Holographic Head Up Display
IEEE International Conference on Consumer Electronics (2018):
https://ieeexplore.ieee.org/document/8326197

Woerdemann, M. et al.
Advanced optical trapping by complex beam shaping
Wiley-VCH Verlag, Laser Photonics Rev. 7, No.6 (2013):
https://www.uni-muenster.de/imperia/md/content/physik_ap/denz/publikationen/2013/10_woerdemann.pdf

Herdt, B.; Bril, M.
Ein Strahl - Eine Matrix. Diffraktive optische Elemente im industriellen Einsatz.
Wiley-VCH Verlag, Optik & Photonik, Vol. 3, Issue 1 (2011):
https://onlinelibrary.wiley.com/doi/abs/10.1002/opph.201190178

MYPHOTONICS
Björn Bourdon
MYPHOTONICS
Mirco Imlau
Gerda danken für Alles Rund um unser myphotonics Lab
MYPHOTONICS
Größter Dank an Joachim für einfach alles! Ihm unbedingt das erste Buch schicken!
Messeteam für die nächste Maker Faire:
• Juliane
• Christoph
• Rasmus
• Ann-Christin
• Dustin
• Phillip
• Sven
• ...
Stefan Klompmaker
Neues Holografie-Video für die Homepage an Christian senden.

Eine große Packung Kekse für Rasmus und Frauke besorgen, für die tolle Unterstützung auf den letzten Metern!
MYPHOTONICS.de
Felix Lager
Neue Messmethode mit Roman, Daniel und Sergej abstimmen
Keiner kann DIY-Photometrie besser als Dirk!
Volker anrufen:
• Titel?
• Fotos?
• Sprache?
• ...
Anke Schmitter
Design
Anita Tiedtke
Design

www.myphotonics.eu – Das Projekt

Das vorliegende Buch ist im Rahmen des Forschungsprojekts myphotonics entstanden, das an der Universität Osnabrück in der Forschungsgruppe Ultrakurzzeitphysik durchgeführt wurde. Das Forschungsvorhaben wurde durch die Fördermaßnahme »Open Photonik – offene Innovationsprozesse in der Photonik« des Bundesministeriums für Bildung und Forschung gefördert:

Mit dem Begriff »Open Innovation« wird die Öffnung eines Innovationsprozesses für Beteiligte außerhalb einer Organisation, wie beispielsweise Unternehmen oder Instituten, bezeichnet. Kunden und Nutzer können z. B. bei Open Source Produkten nicht nur die Rolle von Konsumenten einnehmen, sondern aktiv an der Weiterentwicklung und der Verbesserung teilhaben. Während der Open Source Gedanke für Software-Produkte (wie etwa das Android-Betriebssystem für Handys, Webbrowser oder auch Wikipedia) fest etabliert ist, gewinnt er aktuell auch in anderen Bereichen an Bedeutung. Ein Beispiel hierfür ist der 3D-Druck. Diese in der Industrie seit Jahrzehnten eingesetzte Technik wurde durch preiswerte Open-Source-Lösungen für einen breiteren Anwenderkreis nutzbar und konnte erst so ihren Siegeszug antreten. Ein anderes Beispiel ist die Arduino-Plattform, die Mikrocontroller durch offene Hardware und eine frei verfügbare Programmieroberfläche leichter und besser nutzbar macht. Selbst Technik-Laien können mit diesem Open Source Ansatz schnell und leicht neue Hightech-Anwendungen realisieren. Mit der Fördermaßnahme »Open Photonik« möchte das Bundesministerium für Bildung und Forschung (BMBF) neue Formen der Zusammenarbeit von Wissenschaft und Wirtschaft mit Bürgern ermöglichen und damit zusätzliche Innovationspfade und -potenziale für die Photonik erschließen. Mögliche Zielrichtungen der Projekte sind dabei Open Innovation Ansätze mit der Absicht, die Nutzung photonischer Komponenten oder Systeme zu verbessern, Open Source Ansätze, die zu einer breiteren Nutzung dieser Komponenten oder Systeme führen und Ansätze, die eine stärkere direkte Bürgerbeteiligung an wissenschaftlichen Projekten ermöglichen.

GEFÖRDERT VOM

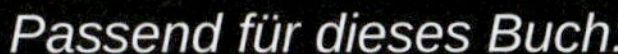
Passend für dieses Buch:

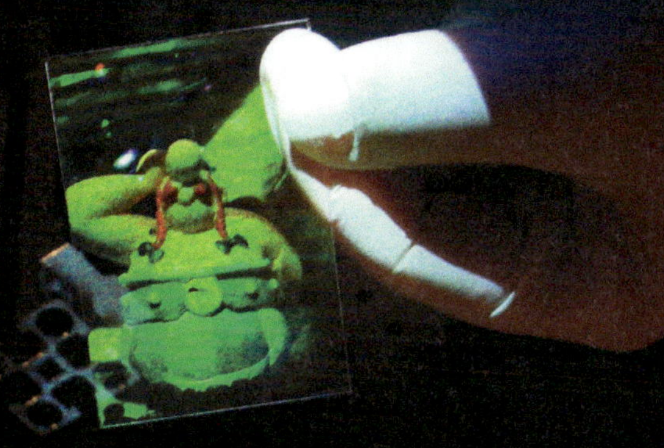

holozone GmbH